Level Up

3-Step
파워
스도쿠

국립중앙도서관 출판시도서목록(CIP)

(Level up 3-step) 파워 스도쿠 :
중급 = Power sudoku / 퍼즐아카데미 연구회 편.
— 서울 : 창, 2013   p. ; cm

ISBN 978-89-7453-209-3 13410 : ₩7000
두뇌 개발[頭腦開發] 숫자 퍼즐[數字—]

691.4-KDC5
795.3-DDC21   CIP2013003536

L evel up 3-step 파워 스도쿠 중급

2013년 4월 20일 개정판 1쇄 발행
2024년 4월 20일 개정판 10쇄 발행

지은이 | 퍼즐아카데미 연구회 편
펴낸이 | 이규인
편 집 | 박선영
펴낸곳 | 도서출판 **창**
등록번호 | 제15-454호
등록일자 | 2004년 3월 25일

주소 | 서울특별시 마포구 대흥로4길 49 1층(용강동 월명빌딩)
전화 | (02) 322-2686, 2687 / **팩시밀리** | (02) 326-3218
홈페이지 | http://www.changbook.co.kr
e-mail | changbook1@hanmail.net

ISBN 978-89-7453-209-3 13410

정가 7,000원

Level up

중급

3-step

파워

스도쿠

6 2 7 8 1 4 5 3 9

퍼즐아카데미연구회 편

창
Chang
Books

세계는 지금
스도쿠 열풍에 빠지다!

스도쿠란 무엇인가?

전 세계는 지금 스도쿠 열풍에 빠져 있다. 매일 매일 새로운 신문의 한쪽을 할애하여 스도쿠 퍼즐을 연재하고 있으며, 극심한 불황의 그늘이 드리워진 서점가에서도 선방을 하고 있는 책이 바로 스도쿠 퍼즐에 관한 책이다.

숫자퍼즐 '스도쿠'는 플레이스테이션 세대에게 종이와 연필을 사용해 즐거움을 느끼게 한 21세기의 위대한 아이디어 50선에 꼽히며, 영국의 경제주간지 〈이코노미스트〉는 스도쿠를 일컬어 '게임 규칙이 워낙 단순해서 누구나 쉽게 도전할 수 있지만, 그만큼 풀기가 만만치 않은 지능형 게임'이라 정의한 바 있다.

게임 전문지도 아닌 경제지가 하나의 게임을 두고 이렇

듯 호평을 늘어놓은 바로 이 게임 스도쿠는, 단순히 게임 마니아의 전유물이 아니라 지적 욕구를 가진 모든 사람들에게 대중적으로 어필되는 게임임을 시의 적절하게 진단한 것으로 예측할 수 있다.

나라와 인종, 그리고 나이를 초월하며 전 세계인의 인기를 한 몸에 받는 스도쿠의 매력은 수리력이나 어떠한 지식 없이 전적으로 논리적 사고에 의해 풀 수 있는 대단히 실리적인 게임이라 할 수 있다. 또한 자신의 실력에 맞는 난이도에 따라 게임을 하면서 자신도 모르는 사이에 논리력은 물론 집중력과 창의력이 동시에 발달되며, 더 나아가 정서적으로 긍정의 힘을 믿게 만드는 감성게임이라 할 수 있다.

그렇다면 스도쿠란 과연 무엇인가? 스도쿠는 18세기 스위스의 수학자 레온하르트 오일러가 만든 '마술 사각형 (Magic Square)'을 1980년대 일본의 퍼즐 회사가 본격적으로 게임화한 것을 말한다. 스도쿠는 숫자를 이용해 논리력을 테스트하기 위해 고안된 퍼즐이다. 일본어인 스도쿠는 숫자(number)를 뜻하는 스(數, su)와 혼자(single)를 뜻하는 도쿠(獨, doku)를 조합한 단어로, 쉬운 말로 풀이하면 '한 자리 수' 정도로 이해할 수 있다.

지금 시중에 나와 있는 거의 모든 스도쿠 퍼즐은 논리적으로 풀어낼 수 있는 것으로, 복잡한 수학적인 계산은 전혀

할 필요가 없다. 따라서 숫자만 생각하면 머리부터 아프다는 숫자 기피증 환자도 스도쿠만큼은 전혀 걱정하지 않아도 되는데 여기서 숫자는 스도쿠를 푸는데 필요한 단순한 수단일 뿐이기 때문이다.

스도쿠 규칙

1. 모든 가로 9칸, 세로 9칸에 1부터 9의 숫자가 겹치지 않게 하나씩 들어간다.

2. 굵은 테두리의 3×3의 블록 안에도 1부터 9의 숫자가 겹치지 않게 하나씩 들어간다.

	ⓐ	ⓑ	ⓒ	ⓓ	ⓔ	ⓕ	ⓖ	ⓗ	ⓘ
①	7	3	1	9	4	6	2	8	5
②	5	8	6						
③	9	2	4						
④	8								
⑤	1								
⑥	3								
⑦	6								
⑧	4								
⑨	2								

스도쿠 문제 푸는 기본 방법

스도쿠의 문제 푸는 기본 방법을 알면 어떤 문제도 쉽게 풀 수 있다.

❶ 숫자가 중복되지 않는 영역을 찾아라!

그림 정 중앙에 1이 있다면 가로줄, 세로줄, 3×3 박스의 표시된 영역에는 1이 들어갈 수 없다.

❷ 다른 블록에서 찾을 숫자의 영역을 없앤다!

오른쪽 그림과 같은 경우에, 다른 블록에 있는 1을 찾아 표시해 보면 ★에 들어갈 숫자는 1이 된다.

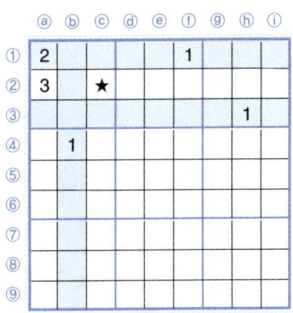

❸ 다른 블록에서 찾을 숫자의 영역을 없앤다!

오른쪽 그림의 스도쿠와 같이 가로줄의 다른 블록에 1이 있어 ②번 가로술에는 숫자 1이 들어갈 수 없다. 따라서 ⓑ③ 칸의 ★에는 숫자 1이 들어간다.

❹ 가능성을 제거하라!

　오른쪽 그림의 스도쿠와 같은 경우에는 ★이 있는 3×3에 남은 숫자 [2, 4, 7, 8, 9]가 들어갈 수 있다. 다른 블록인 ⓕ세로줄에 숫자 2와 9가, ④가로줄에 숫자 4와 8이 겹치게 되어 ★에는 숫자 7이 들어가게 된다.

	ⓐ	ⓑ	ⓒ	ⓓ	ⓔ	ⓕ	ⓖ	ⓗ	ⓘ
①									
②						2			
③									
④	4			1		★	8		
⑤					3				
⑥				6		5			
⑦						9			
⑧									
⑨									

❺ 가장 많은 숫자를 찾는다.

　스도쿠 블록 안에 포함된 숫자 중 가장 많은 숫자를 찾아 가능한 숫자를 모두 제거한다. 가장 많은 숫자인 7의 가로줄, 세로줄, 3×3 블록을 표시하면 ⑥ ⓒ번의 자리만 빈 칸이 된다. 즉 유일하게 7을 넣을 수 있는 자리가 생기므로 보다 쉽게 정답을 찾을 수 있다.

	ⓐ	ⓑ	ⓒ	ⓓ	ⓔ	ⓕ	ⓖ	ⓗ	ⓘ
①	7	3		9			2	8	5
②	5	8		7	2	3	9	4	
③	9		4		8		7	6	3
④		5	9	2		4		7	6
⑤		6	7				4	5	
⑥	3	4		6		5	8	1	
⑦	6	7	8		9		5		4
⑧		9	5	3	6	7		2	8
⑨	2	1	3			8		9	7

❻ 가장 적게 남은 칸을 찾는다.

가장 적게 남은 3×3 안에 비어 있는 숫자를 넣어준다. ★에 1을 넣으면 ⓑ세로줄에 1이 있어 ①ⓒ도 1이 된다.

	ⓐ	ⓑ	ⓒ	ⓓ	ⓔ	ⓕ	ⓖ	ⓗ	ⓘ
①	7	3	★	9			2	8	5
②	5	8		7	2	3	9	4	★
③	9		4		8		7	6	3
④		5	9	2		4		7	6
⑤		6	7				4	5	
⑥	3	4		6	7	5	8	1	
⑦	6	7	8		9		5		4
⑧		9	5	3	6	7		2	8
⑨	2	1	3			8		9	7

❼ 가로줄, 세로줄, 3×3 블록의 같은 숫자를 확인하라!

3×3의 블록 안에 같은 숫자가 있을 경우 나머지 3×3 박스의 숫자를 찾는 것이 좀 더 쉽다. 맨 위의 가운데와 오른쪽 박스 안에 겹쳐 있는 2의 숫자 영역을 뺀 나머지인 ★에는 2가 들어가고, ☆에는 6이 들어간다.

	ⓐ	ⓑ	ⓒ	ⓓ	ⓔ	ⓕ	ⓖ	ⓗ	ⓘ
①	7	3	1	9			2	8	5
②	5	8	☆	7	2	3	9	4	1
③	9	★	4		8		7	6	3
④		5	9	2		4		7	6
⑤		6	7				4	5	
⑥	3	4		6	7	5	8	1	
⑦	6	7	8		9		5		4
⑧		9	5	3	6	7		2	8
⑨	2	1	3			8		9	7

❽ 이어지는 힌트를 찾아라!

❼에서 새롭게 찾아진 6의 숫자가 있는 칸을 맨 위의 박스 가로줄에 별색으로 표시

	ⓐ	ⓑ	ⓒ	ⓓ	ⓔ	ⓕ	ⓖ	ⓗ	ⓘ
①	7	3	1	9		★	2	8	5
②	5	8	6	7	2	3	9	4	1
③	9	2	4		8		7	6	3
④		5	9	2		4		7	6
⑤		6	7				4	5	
⑥	3	4		6	7	5	8	1	
⑦	6	7	8		9		5		4
⑧		9	5	3	6	7		2	8
⑨	2	1	3			8		9	7

해 보면 ①의 ⓔ와 ⓕ에만 6이 들어갈 수 있다. 다시 세로줄 박스에서 숫자 6을 찾아 ⓔ를 제거하면 ★칸에 6이 들어가는 것을 알 수 있다.

❾ 가로줄, 세로줄, 3×3 블록에 적게 남은 빈 칸을 확인하라!

맨 위의 가운데 박스의 빈 칸 3개를 찾기 위해서는 채워진 숫자의 나머지 숫자인 1, 4, 5를 각 칸에 미리 대입해서 넣어보고 주변 블록이나 가로줄, 세로줄에 같은 숫자가 겹치는가를 확인하면 된다.

①ⓔ에는 ①의 가로줄에 1, 5가 있어 유일하게 숫자 4만 넣을 수 있으며, ⓕ세로줄에는 4, 5가 있어 ③ⓕ에는 유일하게 숫자 1만 넣을 수 있다. 따라서 나머지 ③ⓓ에는 숫자 5가 들어간다.

자, 이제 스도쿠 푸는 방법도 익혔으니 쉬운 문제부터 차근차근 풀어보도록 하자.

CONTENTS

POWER
SUDOKU

Free Question 0**1**

3-step
파워
스도쿠

1단계

Level I

POWER SUDOKU

Question 0**1**

		1		7	8		5	
7	8	2			9	4		
5			1					
		8	7				6	
3		7	8		1	2		4
	1				3	5		
					2			5
		5	6			9	4	2
	4		3	8		6		

DATE:

TIME:

7				2		8		5
		8		6			3	9
4		9						
1		3	2					
8		2	3	9	1	5		4
					5	3		1
						1		8
3	8			1		4		
9		6		7				3

LEVEL 1

LEVEL 2

LEVEL 3

DATE:

TIME:

Question 03

		1		5		7	6	8
9	6				7			
7	5			6		4		
3		6	9					
		9	1		5	8		
					8	2		4
		4		9			1	5
		5					8	2
6	9	5		1		3		

DATE:

TIME:

Question 04

	4						6	
		6		9		2		
1			7	8	6			4
6			5		9			8
	5	8		7		9	3	
9			3		8			7
8			9	3	7			5
		7		5		3		
	1						4	

LEVEL
1

LEVEL
2

LEVEL
3

DATE:

TIME:

POWER SUDOKU

Question 05

6		2	3			8		7
		3			1	9	5	
1	7	9						4
		8					7	9
			8		7			
7	1					6		
3						7	9	2
	8	1	6			3		
4		7			5	1		8

DATE:

TIME:

Question **06**

			7			5		1
				6	5	9	7	
		7			9	4		2
9		5				7	1	
	6	2		4		3	8	
	7	8				2		9
4		3	5			1		
	5	9	1	7				
7		1			2			

LEVEL
1

LEVEL
2

LEVEL
3

DATE:

TIME:

Question 07

1	4	5						3
		9	2		7			1
3					1	6		8
	3		9				7	
9	1						8	2
	5				8		6	
5		3	8					6
2			7		6	8		
4						2	1	7

DATE:

TIME:

			1		3	5		
7	2			6				3
8	3				9		2	
6					8		9	2
	8	7				6	3	
3	9		4					5
	7		5				6	8
9				3			7	1
		6	2		7			

LEVEL
1

LEVEL
2

LEVEL
3

DATE:

TIME:

Question 0**9**

9			8		2			
	6	1			9	2		
		5			4	7	6	9
		6			5			
	9	8	6		3	1	2	
			1				3	
8	5	3	4		1			
		4	2				9	5
			7		6			8

DATE:

TIME:

		4				3		5
		6	5	7			1	
5				4		2	8	7
6		9		3				
	8		7		5		9	
				2		1		6
2	9	8		5				1
	6			1	2	7		
7		3				5		

LEVEL
1

LEVEL
2

LEVEL
3

DATE:

TIME:

Question **11**

5			7	1				
		6		2		7	8	
			4	8		2	9	
8		7		9		5	1	
	5	9				4	7	
	3	4		7		8		9
	2	1		5	7			
	4	8		6		9		
				4	3			6

DATE:

TIME:

Question **12**

			8		6	1		5
6		2						9
	5	9			1		6	3
	6	1			5			
3			6		7			2
			4			5	1	
7	3		1			6	5	
1						7		4
5		6	7		8			

LEVEL
1

LEVEL
2

LEVEL
3

DATE:

TIME:

Question **13**

4		8	2	5				
	6					1		2
2	7	9	6			5	3	
	2	3						5
		7	5		2	4		
5						7	2	
	5	1			6	3	7	8
6		4					5	
				8	5	6		9

DATE:

TIME:

7		5		6				2
4	6		5	8		3		
	3	8					4	
	7			2				
3			7		1			9
				3			5	
	4					7	1	
		1		7	9		3	5
5				1		6		4

LEVEL
1

LEVEL
2

LEVEL
3

DATE:

TIME:

Question 15

	7		6	2		8		
	5		1					
	3					6		2
		9	8	4	2	1	3	7
3								6
1	2	7	3	5	6	4		
2		5					6	
					1		7	
		6		9	4		1	

DATE:

TIME:

4	3	2			9			
	6	8	7				9	
		5	3	1				4
5		7				4		1
6			8		1			2
8		3				9		6
7				9	3	2		
	4				2	5	7	
			6			1	4	3

LEVEL
1

LEVEL
2

LEVEL
3

DATE:

TIME:

Question **17**

8			4	3	2	1	7	
2		1						8
6		7	5	1				
1			3					
	8		2		5		6	
					6			4
				5	4	3		2
3						6		9
	1	5	6	2	3			7

DATE:

TIME:

Question **18**

	1		5		6		4	
		2				3		
6		4	3		8	2		5
7			6	3	5			4
			8		2			
8			1	7	4			9
2		1	4		3	5		6
		3				1		
	5		7		1		3	

LEVEL
1

LEVEL
2

LEVEL
3

DATE:

TIME:

031

POWER SUDOKU

Question 19

8			1	7			6	
4		7		6	5			
9		5		8		3	1	
3			2					1
	7						4	
5					4			8
	8	6		7		5		4
			5	4		2		6
	5		6	2				9

DATE:

TIME:

032 • 3-step 파워 스도쿠 – 1단계

Question **20**

2		6	9	4				
	4	1				6	7	9
5			3				8	
			6			8		5
8	6						3	1
7		2			8			
	2				6			4
4	9	5				2	6	
				2	5	1		7

LEVEL
1

LEVEL
2

LEVEL
3

DATE:

TIME:

Question **21**

6	9	5				4	8	1
				9				
4								3
2			9	1	5			4
	4		7	2	6		9	
1			3	4	8			2
3								5
				6				
9	8	2				6	4	7

DATE:

TIME:

4	9	8		5		2		6
	3	5			6		9	
6				3			1	
	4	9	1					
			5		7			
					2	9	6	
	5			7				4
	6		3				7	5
9		7		4		1	2	3

LEVEL **1**

LEVEL **2**

LEVEL **3**

DATE:

TIME:

Question **23**

			7	9			8	
	2			1	4			9
6			2	8		1	4	
3		8				5		
2		1				4		7
		7				8		1
	8	6		3	7			4
1			9	4			5	
	9			2	5			

DATE:

TIME:

	2				9	1	4	6
9		6	8					2
	5		6			9		
			4	9		7		
		5	7	6	8	4		
		3		2	1			
		8			4		9	
7					5	2		4
2	4	1	9				3	

LEVEL 1
LEVEL 2
LEVEL 3

DATE:

TIME:

Question 25

1				3				
		3	6	8		9	4	
		6	9		7		1	3
			1	7	5		2	
5								7
	2		8	4	6			
2	4		7		9	8		
	6	9		5	2	1		
				1				6

DATE:

TIME:

Question **26**

8		7	4		5	1		9
	2	3				6	7	
	9						8	
	8			6			4	
			2	7	4			
	1			9			5	
	5						2	
	4	9				7	1	
1		6	8		2	3		5

LEVEL
1

LEVEL
2

LEVEL
3

DATE:

TIME:

Question **27**

7		4	6	1	2			
	2				3			
5				9	7		6	
		6	7	2		5	1	
		2				6		
	1	5		4	6	7		
	3		8	6				9
			1				7	
			2	7	5	8		1

DATE:

TIME:

Question **28**

	9			8			1	
	6			2			4	
1								5
9	5		7	3	4		6	1
6	7		8		2		3	4
3	4		5	1	6		2	9
4								3
	2			6			5	
	8			4			9	

DATE:

TIME:

POWER SUDOKU

Question **29**

3	5		2					
		9			5			
	6	1	8					4
		3		8		2	9	7
4		2	1		7	3		8
5	8	7		3		6		
2					8	9	3	
			3			7		
					9		8	6

DATE:

TIME:

	1		4		8		7	
		7		2		5		
8			6	5	7			4
		8	3		6	7		
	9	6				1	8	
		5	9		2	3		
9			2	4	3			7
		4		6		9		
	8		7		5		6	

LEVEL
1

LEVEL
2

LEVEL
3

DATE:

TIME:

Question **31**

			8	2	4		
9		4					5	7
	1		7			8		6
4				2	3		9	
	3	6	1		7	5	2	
	2		8	5				3
1		8			6		4	
5	4					6		1
		7	4	1				

DATE:

TIME:

Question **32**

5		6	1		3			8
7							5	9
9		8			5	3	6	2
		5	6				2	4
8	6				2	5		
6	5	7	9			2		1
3	8							5
2			5		8	4		7

LEVEL **1**

LEVEL **2**

LEVEL **3**

DATE:

TIME:

Question **33**

					5	7	1	
8	4		1					
2		1			9	5		
	9	7	6			3	8	5
		8				6		
6	5	3			4	1	9	
		4	3			8		7
					8		5	1
	8	6	5					

DATE:

TIME:

	1		7	8	9	5		
4	8	7		6	3	2		
			2					
7			6					
6	5	4	3		8	9	7	2
					2			6
			9					
		6	2	3		1	4	7
		3	1	4	6		2	

LEVEL
1

LEVEL
2

LEVEL
3

DATE:

TIME:

Question **35**

2				7		3		1
			9	5				4
		6	3	8	2		5	
	2	8						5
	4	3				8	1	
6						9	2	
	6		8	3	7	4		
3				2	5			
7		2		9				6

DATE:

TIME:

2		6		3	5	8	7	
	8						4	
	4	7				2		5
	5	3	2	4			9	
	2						6	
	6			9	3	4	1	
6		4				3	5	
	9						2	
	3	2	7	6		9		4

LEVEL
1

LEVEL
2

LEVEL
3

DATE:

TIME:

Question 37

			1	9				
5	1	7			4	6	8	
			7	6		5		1
7		9			2			6
	5	1				4	7	
2			5			3		8
3		8		1	7			
	7	6	8			2	1	4
				4	6			

DATE:

TIME:

Question **38**

7	2	5						6
9	3	6			4	8		
				6	7	2		5
			1		2	7		
8		1				5		2
		2	9		5			
3		9	7	5				
		7	2			9	1	3
2						4	5	7

LEVEL 1

LEVEL 2

LEVEL 3

DATE:

TIME:

Question **39**

	6						5	
7			6	3	5			4
	5	9		4		1	2	
	1	3		6		2	9	
6			7		9			8
	7						4	
	3	7	4		6	8	1	
			2	7	8	3		
2								9

DATE:

TIME:

Question **40**

8					3	5		
	6	7			8		4	
	5		6	7		8		9
5			8		6	9	2	
9								3
	3	2	9		4			8
2		6		5	1		9	
	9		3			2	6	
		3	2					5

LEVEL
1

LEVEL
2

LEVEL
3

DATE:

TIME:

053

POWER
SUDOKU

Question **41**

		3	9		8	4	6	
				6				
6		1			5	3	8	
		9	2					4
	8			3			5	
5					4	6		
	2	5	7			1		9
			4					
	1	7	5		3	2		

DATE:

TIME:

1

POWER SUDOKU

Question **42**

				9	5			1
	5		2	1	7	8	6	
	1	7				4		
2		9		6				
	3						1	
				4		2		6
		8				5	9	
	7	5	1	2	9		8	
6			5	7				

DATE:

TIME:

Question 43

	4	7				3		
8		6		7	4			
			2		3	8	4	
	7					4		3
9			4		8			2
4		3					9	
	2	8	6		1			
			8	2		7		9
		9				2	1	

Question **44**

5	6			8				3
2				3				
		7	1	6	9	4	5	
			3				1	
9		3				2		5
	1				8			
	9	5	4	2	7	8		
				1				9
3				9			2	1

LEVEL
1

LEVEL
2

LEVEL
3

DATE:

TIME:

POWER SUDOKU

Question 45

6	8	3	7					
1								
4		5	3		2		1	7
	7		9			2	4	
			6		4			
	5	4			1		3	
2	4		8		5	1		3
								2
					3	4	5	9

DATE:

TIME:

1		5			2		3	
6	3		7					4
2			6					
	7		5	9		6	8	1
9	6	3		8	4		2	
					1			2
3					9		1	5
	1		8			9		3

LEVEL
1

LEVEL
2

LEVEL
3

DATE:

TIME:

Question 47

7		2	1					9
				4	9			5
4	9	3	2					1
	8	4	9			5		
		1			3	4	8	
8					4	6	3	2
6			7	3				
2					6	9		4

DATE:

TIME:

Question **48**

7					6	1	3	
		6	3	7	5	8		
		5		8			6	
				9		7		6
		1		4		2		
2		8		3				
	6			1		5		
		4	9	5	2	6		
	1	2	7					8

LEVEL
1

LEVEL
2

LEVEL
3

DATE:

TIME:

POWER
SUDOKU

Question 49

	6		4		9		2	
4		9		8		3		1
5		1		3		7		9
		3	8	7	5	1		
8		4		2		5		6
1		2		5		6		7
	8		2		6		1	

DATE:

TIME:

Question **50**

	5						3	
		3	8	7	6	5		
4				9				7
	8		3		9		1	
	9	1		8		3	6	
	6		7		4		9	
5				3				2
		2	9	4	8	6		
	3						7	

LEVEL
1

LEVEL
2

LEVEL
3

DATE:

TIME:

POWER
SUDOKU

Free Question 0**2**

3-step
파워
스도쿠

2단계

Level 2

POWER SUDOKU

Question **51**

	3		1	6		5		7
	8	4			2	3		
						9		
4	9				5	6	7	
	6	3	7				1	5
		2						
		8	3			7	5	
3		5		2	4		8	

DATE:

TIME:

	2	9						
5						4		
	3	4	1		7		5	2
	7	2	5		4			
				3				
			9		8	5	3	
6	5		4		2	3	7	
		1						9
						6	4	

LEVEL 1

LEVEL 2

LEVEL 3

DATE:

TIME:

POWER SUDOKU

Question • 53

	4	7	1	5				3
9		8	4					
3	2						8	
7	1		6			3		
		5			2		9	7
	6						7	5
					5	2		9
5				8	9	1	3	

DATE:

TIME:

		7	3		6			
8		9				7		3
				8				
					7	6	4	5
2		6	4		5	9		8
1	4	5	8					
			9					
9		3				8		7
			1		3	5		

DATE:

TIME:

7		9		2	3			
5	3							8
1	2				7			
9		7	1					3
		8				7		
3					9	1		5
			4				8	2
2							6	7
			5	6		9		4

DATE:

TIME:

8	4					3	2	
7				9				
2			4	7			5	
		7	9		4			6
3								5
6			5		8	1		
	7			4	5			1
				6				2
	2	5					6	9

LEVEL 1

LEVEL 2

LEVEL 3

DATE:

TIME:

POWER
SUDOKU

Question **57**

	4		2				3	7
6				9			1	
		9	7		1			8
	7					6	4	
		6				3		
	3	5					7	
9			4		8	7		
	5			2				6
8	1				9		5	

DATE:

TIME:

Question **58**

	5		1					
		6	5					
						1	9	
7					5	4	6	9
1	4	8	9		6	7	5	3
5	6	9	4					1
	9	2						
					7	8		
					8		4	

DATE:

TIME:

Question **59**

	8			4		3		
	5							
9					8	6		
	3		1			2	6	8
1	4	6				7	9	5
5	2	8			9		4	
		5	8					9
							1	
		4		3			7	

DATE:

TIME:

Question **60**

	3		1			7		2
					3			1
9		8		5	7			
7				6			2	4
		4		1				
1	2			7				3
		5	4		6		7	
8		7						
2		7			9		1	

DATE:

TIME:

				1	7	2	3	
7	6	2		8				
					9		6	
3	4				5		8	
	5						4	
	8		4				2	3
	2		9					
				6		1	5	4
	3	6	1	7				

DATE:

TIME:

Question **62**

8			4			7	2	
4			3					6
					5		1	9
				3			6	7
6	9						4	1
3	5			1				
2	7		1					
5					9			8
	3	1			8			5

LEVEL
1

LEVEL
2

LEVEL
3

DATE:

TIME:

077

Question 63

1	7				6			
		3	7			1	6	
	5			9	8			2
	9	1						5
		7				8		
4						6	9	
2			4	3			5	
	4	6			2	7		
			5				2	8

DATE:

TIME:

8			6				1	
		2	4		9			
	1	2		5				
				8		7		1
2	8		1		7		5	4
1		6		2				
				6		8	4	
		4		9	5			
	5				3			7

DATE:

TIME:

079

Question **65**

5				1		8		2
							6	9
	3		5	2				
9	6				3			1
3			2		6			4
8			4				9	6
				3	4		7	
1	9							
4		3		7				8

DATE:

TIME:

Question **66**

		2	5				9	
		1	9	8		2		5
				7		8		
		8		4			3	2
	2						5	
9	6			1		4		
		4		2				
2		5		9	8	7		
	8				3	6		

DATE:

TIME:

Question **67**

								5
			8		2	9	1	
	1		7	4				6
			1		4	2		7
		1		8		4		
3		8	2		7			
8				9	3		5	
	5	6	4		8			
2								

DATE:

TIME:

Question **68**

			4	2			7	6
9			5			1	2	
	2					4		8
		1	3	9	8			
			7	1	6	8		
4		6					9	
	8	7			1			5
1	5			3	2			

DATE:

TIME:

Question **69**

				8				
6	3						1	2
			6	5	3			
	1			7			5	
5		8	4	9	6	1		7
	7			3			2	
			9	2	5			
9	5						4	3
				1				

DATE:

TIME:

						8		
7	1	2	9			6	4	
5	8				3	7		
	6	9			7	2		
		5	2			9	1	
		1	6				7	4
	2	6			4	5	9	8
		7						

LEVEL
1

LEVEL
2

LEVEL
3

DATE:

TIME:

085

Question **71**

4		3	6		1	9		8
7			3			5		
		9						
1								7
3		4	1		8	6		9
8								2
						7		
		1			9			6
6		8	2		3	1		4

DATE:

TIME:

9						2		
	1	7	3		2		5	
				5			8	
	4		2		7	1		9
		2				8		
6		5	1		3		2	
	8		6					
	2		5		1	3	7	
		9						4

LEVEL 1

LEVEL 2

LEVEL 3

DATE:

TIME:

POWER
SUDOKU

Question **73**

	5		6	8			4	1
		7						5
		8	9					2
						1	8	3
			8	4	9			
5	8	6						
1					2	9		
6						3		
8	4			5	1		6	

DATE:

TIME:

Question **74**

			5				9	
6	1				3	7		4
7		4	8			2	3	
					4			
4	6						2	7
			7					
	2	8			1	4		3
5		6	9				7	8
	3			8				

LEVEL
1

LEVEL
2

LEVEL
3

DATE:

TIME:

Question **75**

		3	7			4		8
	9		6	2	5		1	
1							5	
		9	8		4			
			2		6			
			1		3	9		
	5							7
	1		3	4	7		6	
4		8			1	3		

DATE:

TIME:

	8		5		2	3		
	2	1	7	4	8	5		
5								
						2	4	3
9								1
7	4	3						
								9
		5	3	2	1	8	7	
		4	8		5		3	

DATE:

TIME:

Question **77**

3	1		2	4			6	7
			1		3		5	
							2	
1			3			6		5
5								9
9		7			8			2
	4							
	5		6		7			
2	3			9	4		1	8

DATE:

TIME:

Question **78**

7		3	6		2			
					4			
	2	9		1		7		8
		6			7		3	
2			9		8			5
	3		2			1		
6		2		7		3	9	
			5					
			4		3	2		7

LEVEL
1

LEVEL
2

LEVEL
3

DATE:

TIME:

Question **79**

4		2		8			3	5
				9	5	4		2
					4			
5			1			9		7
		1				2		
9		7			2			1
			8					
8		6	5	4				
3	4			6		8		9

DATE:

TIME:

Question **80**

		1	7				8	3
	3					9		
				5			1	
9				2	7	3		
5		4	9	3	6	2		8
		3	4	1				6
	4			8				
		9					5	
8	2				9	4		

LEVEL
1

LEVEL
2

LEVEL
3

DATE:

TIME:

	7				4		6	
9	4	3						
2							1	9
8		7	3		5	9		
3								5
		5	9		7	8		6
1	5							7
						5	2	4
	2		4				9	

DATE:

TIME:

Question **82**

	8		3			7		
3						6		
1			9		7			
7			4	5		8		2
		3	6		2	9		
9		2		7	3			1
			1		5			7
		4						5
		9			8		4	

LEVEL **1**

LEVEL **2**

LEVEL **3**

DATE:

TIME:

Question **83**

		1		4	2			8
	2	3			9	6		
6		4	7					
		5			7		8	
		8				2		
	7		4			9		
					1	3		6
	7	3				8	9	
4			5	8		1		

DATE:

TIME:

Question **84**

	5			2				3
			3				4	
	6	4	9	8		7		
8						9	3	2
			7	3	9			
6	9	3						5
		7		4	8	1	6	
	8				7			
1				5			8	

LEVEL
1

LEVEL
2

LEVEL
3

DATE:

TIME:

Question **85**

			5	9		3	6	
		5						
7		4	3	1			5	2
	1		8					3
		9				4		
8					9		7	
5	2			6	8	9		7
						5		
	6	8		4	5			

DATE:

TIME:

Question **86**

8			1		3			
	5				6		9	7
6		1					3	
	2	6	7					5
		9				3		
4					5	2	6	
	8					7		4
1	6		4				2	
			5		2			1

DATE:

TIME:

Question **87**

4	3					8	9	
1					2	5		
				7	3			
			7		8			
		7		5				9
	2	6	3		9		1	8
9	8					4	5	
2					4	9		
				6	1			

DATE:

TIME:

Question **88**

	4	2	9	6		7		
			7		4			
8		9						2
					5		1	9
		3		1		5		
5	1		6					
6						3		8
			2		6			
		8		7	9	1	6	

LEVEL 1

LEVEL 2

LEVEL 3

DATE:

TIME:

Question **89**

	6						2	
8	3	4	1				7	
			5	6	4	8		
		8					3	
4		1		7		9		8
	2					7		
		9	2	1	6			
	7				8	2	4	6
	8						5	

DATE:

TIME:

	4	3	9		8	7	1	
			3		1			
6				2				5
		9	5				2	
		4				3		
	5				2	4		
5				3				2
			4		6			
	3	6	2		5	9	7	

LEVEL 1

LEVEL 2

LEVEL 3

DATE:

TIME:

Question **91**

6	2						7	5
5				7				1
			9	3				
2	1						9	6
	7			8		4		
	6					1		
			6	7				
3			9					4
4	6						1	2

DATE:

TIME:

2		6		3		1	9	
	3	8		4	9			2
		9			2			
	1			6				
				9			3	
			8			4		
5			7	2		3	1	
	8	3		1		6		5

LEVEL 1

LEVEL 2

LEVEL 3

DATE:

TIME:

POWER
SUDOKU

Question **93**

			7	6				
		8			4			
						4	2	7
7	2		9		3		6	
5	6						8	3
	8		6		1		4	2
8	4	6						
			5			1		
				2	8			

DATE:

TIME:

Question **94**

	5	6		8			1	
8	3		2		7			
	1	2						
			6			7		9
			1		4			
2		3			8			
						3	9	
			4		9		2	6
	7			5		1	4	

DATE:

TIME:

Question **95**

2	7	1					3	
			6	5				1
	3					4		
9			5	8			4	
		8	4		7	1		
	1			6	9			2
		5					2	
4				9	5			
	2					9	5	3

DATE:

TIME:

7		5		3			1	
			9	2				8
	6	8			1			
	7	1	5	6				
			2		3			
				4	8	5	9	
			1			7	3	
4				8	5			
	3			7		1		4

LEVEL 1

LEVEL 2

LEVEL 3

DATE:

TIME:

POWER
SUDOKU

1		5				2		7
	8			4				
			6			3		
6		9		1	4			
		2	9	6	8	1		
			2	3		9		4
		1			5			
				8			3	
3		7				4		5

DATE:

TIME:

Question **98**

				9				
1			5		2		9	
9		6			1	7		
6		5		1		3		
		4				5		
		3		7		8		4
		8	2			4		7
	2		4		7			3
				3				

LEVEL 1

LEVEL 2

LEVEL 3

DATE:

TIME:

113

Question **99**

			3	2		7		
1		6			8		5	
		9					1	
			2			3	7	
	6	1				5	9	
	5	2			7			
	4					8		
	2		7			6		1
		5		8	3			

DATE:

TIME:

Question **100**

	4				7			
		7		8			2	9
	9		1		2	7	3	
	6							
	2		4		3		9	
							6	
	1	2	5		9		7	
9	3			1		5		
			3				8	

LEVEL
1

LEVEL
2

LEVEL
3

DATE:

TIME:

POWER
SUDOKU

Free Question 0**3**

Question **101**

			4	2	7		1
1		2						
			1	5	7	2		
			3			1	8	
		6				4		
	5	8		6				
		9	6	2	5			
						8		2
2		4	7	1				

DATE:

TIME:

Question **102**

								8
	6				8		4	5
				2	1	7		
	8		3			1		
	3	6		7		4	5	
		2			5		6	
		7	2	9				
8	4		6				3	
2								

LEVEL
1

LEVEL
2

LEVEL
3

DATE:

TIME:

Question **103**

	8				4			
2				9				
			6		7			8
3	2	9		1	8	6	5	
		5				2		
	6	7	2	3		1	4	9
4			5		9			
				6				2
			3				7	

DATE:

TIME:

								7
	8				1		6	3
				9	2	4		
	4		1			6		
	7	3		2		9	5	
		2			4		7	
		9	4	3				
5	1		2				8	
2								

LEVEL
1

LEVEL
2

LEVEL
3

DATE:

TIME:

POWER SUDOKU

Question **105**

		1	7		5	2		
	7	3				8	9	
			1					
2			4					3
	8	3		2	4			
9			8					5
			2					
	1	6				9	4	
	5	1		9	3			

DATE:

TIME:

Question **106**

9		6	7			1		2
	3			4			6	
	1	7				3		
6					9			
				5				
			3					6
		8				9	2	
	4			8			5	
7		2			3	6		1

LEVEL
1

LEVEL
2

LEVEL
3

DATE:

TIME:

Question **107**

8	9					1	3	
1					3	4		
				7	2			
			7		6			
		5		2				9
	2	8	4		9		7	5
4	8					5	9	
3					7	8		
			9	5				

DATE:

TIME:

Question **108**

		4			7	1		
	2		9			5		
9				5	2	6		3
		9			8			5
6								8
5			7			9		
2		3	6	8				9
		1			4		7	
		5	2			8		

LEVEL
1

LEVEL
2

LEVEL
3

DATE:

TIME:

Question **109**

		6			9			8
3							4	
7	9		5				3	
				2			7	6
5	6						9	3
8	4			9				
	3				7		5	4
	5							1
1			4			3		

DATE:

TIME:

Question **110**

		6	7			9	4	
3							7	
	8		3	4			1	
8		9	6			3		
6								5
		1			5	8		7
	1			6	4		5	
	9							6
	6	4			7	2		

LEVEL
1

LEVEL
2

LEVEL
3

DATE:

TIME:

Question **111**

	4		7		2			
6			1	9				
	5	9			6			3
			5					9
1			9		3			2
9					8			
7			8			2	1	
				6	4			7
			2		1		5	

DATE:

TIME:

					1			5
	1		3		6			4
							8	
		8		6			4	
	5	9				8	3	
	4			8		9		
	3							
7			4		2		9	
1			6					

LEVEL
1

LEVEL
2

LEVEL
3

DATE:

TIME:

129

Question **113**

				8	5			
		4						7
9		6	4					
		7		5			6	3
4		2				7		9
6	3			2		4		
					7	8		5
8						6		
			9	3				

DATE:

TIME:

	5		3					1
				6				5
		1	4				7	
		2	7		3		8	
	3						6	
	8		6		2	7		
	1				7	8		
5				1				
7					8		2	

DATE:

TIME:

Question **115**

	6			2		9		
					1	2		
1			7	9				
				4	3	7		
3	8			6			1	4
		7	5	8				
				3	5			6
		4	2					
		9		1			2	

DATE:

TIME:

				9				
		8	2			7		
3		1						5
	7	3					8	1
9			3		6			2
1	4					5	3	
4						2		9
		6			3	8		
				4				

LEVEL 1

LEVEL 2

LEVEL 3

DATE:

TIME:

Question **117**

		8		1	6	3		
1				8				
4	6							
8		3	4		1			6
5			2		3	1		8
							9	2
		5						4
		2	8	3		5		

DATE:

TIME:

Question **118**

				4				
6					2			7
1	9		7				3	5
	2					6		
		9		8		4		
		8					9	
9	8				3		1	6
7			8					3
				9				

LEVEL
1

LEVEL
2

LEVEL
3

DATE:

TIME:

Question **119**

3		9		7				1
		6		1				
					5		4	9
		1						
4	2						9	8
						2		
6	8		2					
				9		1		
1				6		3		7

DATE:

TIME:

Question **120**

	4		9		6			
		7		5		2		4
							6	
8				9			3	
	5						4	
	9			1				6
	8							
9		2		7		1		
			2		1		7	

LEVEL
1

LEVEL
2

LEVEL
3

DATE:

TIME:

POWER SUDOKU

Question **121**

				6	3	9	8	1
				8			7	
5				9				
	6				1			7
	7						2	
8			6				3	
				1				6
	1			3				
6	9	2	8	5				

DATE:

TIME:

Question **122**

								3
				8	1	7		
	4				3			9
		6			9		8	
	9	8		1		6	2	
	2		6			1		
5			7				4	
		1	8	2				
3								

LEVEL
1

LEVEL
2

LEVEL
3

DATE:

TIME:

Question **123**

			3				4	
3	1	7						
					6		3	
6		2			1		7	
5	4						6	3
	9		2			8		4
	7		5					
						1	5	8
	2				4			

DATE:

TIME:

Question **124**

			8		4		5	
7					6			
4	6				9	3		
	2	9		4				
	3			8			4	
				1		9	6	
		8	4				3	5
			5					8
	9		3		8			

LEVEL
1

LEVEL
2

LEVEL
3

DATE:

TIME:

Question **125**

							1	
	4		2		3			
		3		7		8		4
5				2			6	
	1						8	
	3			8				7
8		2		9		5		
			6		1		9	
	5							

				8				1
		3	5				2	
	1		4					3
		2	7		5		8	
	7						1	
	6		1		9	5		
8					4		7	
	9				6	4		
2				9				

LEVEL 1

LEVEL 2

LEVEL 3

DATE:

TIME:

Question **127**

	3	9	2				5	
				1	4	7		
		7						2
		3	6					8
	2				9			
8				9	4			
9					3			
	2	3	5					
	5				7	1	4	

DATE:

TIME:

Question **128**

	4	3	8				5	
1							2	
		9		7				8
2								
		5	4	9	3	6		
								9
7				6		1		
	8							7
	5				2	3	4	

LEVEL
1

LEVEL
2

LEVEL
3

DATE:

TIME:

Question **129**

	2		4					1
				5				9
		5	8				3	
		3				6	8	
	1						7	
	8	2				3		
	9				2	7		
2				8				
7					3		5	

DATE:

TIME:

7								
9	8	1						3
		4	3				5	
	3	9	7				4	
			5		8			
	4				1	8	7	
	2				6	1		
1						6	9	5
								2

LEVEL
1

LEVEL
2

LEVEL
3

DATE:

TIME:

POWER SUDOKU

Question **131**

2		9			1			
6			7	9	5			
7			4			5		
5						4		
			3		7			
		1						2
		2			8			1
			6	1	4			9
			2			3		4

DATE:

TIME:

Question **132**

				8	9		7	
	3						4	
		2			4			9
	9			7				
	2	1				3	8	
				4			5	
5			7			4		
	1						9	
	6		4	5				

DATE:

TIME:

Question **133**

			4			2		
		5	1		2	6		
4							3	
3	5	9	2	4				1
2				9	1	5	6	4
	2							9
		1	6		5	4		
		8			7			

Question **134**

		2	5			3	6	
	6			2	4			
								1
			4	1	9			7
9								4
1		4	2	3				
6								
			8	1			5	
	2	5			7	6		

LEVEL 1

LEVEL 2

LEVEL 3

DATE:

TIME:

POWER SUDOKU

Question **135**

3				4	9	1		
4				5			8	
				3		6		2
	6							
5	7						2	6
							7	
9		4		1				
	8			7				3
		1	4	8				5

DATE:

TIME:

Question **136**

		9	1			4	6	
		3	2	9		5		
							7	
							8	
8		2		7		6		4
	7							
	2							
		5		3	2	9		
	4	1			9	2		

LEVEL
1

LEVEL
2

LEVEL
3

DATE:

TIME:

153

Question 137

				5				
3	7		8				1	4
1					6			3
	1					8		
		9		8		5		
		2					6	
7			9					6
4	8				1		3	7
				6				

DATE:

TIME:

Question **138**

2				9		5		
8	6						1	
	3			7				6
	8		9			2		
			6		3			
		1			7		4	
6				4			7	
	4						2	1
		7		2				4

LEVEL
1

LEVEL
2

LEVEL
3

DATE:

TIME:

155

Question **139**

								2
	2				4			6
			8	9	1			
	6		3			2		
	5	2		4		8	7	
		9			2		6	
		4	7	9				
7			1				3	
3								

DATE:

TIME:

Question **140**

	3		7	9		8		
							1	
2			3			7		5
	5							9
3			8		4			2
7							4	
5		1			9			7
	4							
		9		4	1		6	

LEVEL
1

LEVEL
2

LEVEL
3

DATE:

TIME:

Question **141**

8	9		5				3	7
4					3			6
			1					
	8					6		
		1		5		2		
		2					9	
				9				
7			6					3
3	6				7		8	4

DATE:

TIME:

Question **142**

	5		8	6			1	
	8						9	
2					7		5	
			9			8		6
5		4			3			
	2		6					9
	1						2	
	9			3	5		6	

LEVEL
1

LEVEL
2

LEVEL
3

DATE:

TIME:

Question 143

2					4	3		
	6	4			2		9	
	5					8		4
			8			1		
6								5
		7			5			
8		2					7	
	7		1			9	8	
		9	7					1

DATE:

TIME:

Question **144**

6					8		4	
3		4	2					6
		5						9
		7	4				3	
4			8		2			1
	2				6	4		
8						5		
9					4	1		3
	5		7					4

LEVEL
1

LEVEL
2

LEVEL
3

DATE:

TIME:

Question **145**

		6		3		1		
	5					8		
3					2	7	4	
	4			7	3			1
		1		9		2		
9			4	8			7	
	6	8	7					2
		7					9	
		3		1		4		

DATE:

TIME:

Question **146**

8			9		4		6	7
					6	8	4	
		1		8				
	2	9		1				
				5		4	3	
				7		6		
	9	3	5					
5	1		6		8			4

LEVEL
1

LEVEL
2

LEVEL
3

DATE:

TIME:

POWER SUDOKU

Question **147**

9		1				5		
					7		9	
		2	4				8	3
	8	6		1				
	2						5	
				8		4	7	
3	7				9	6		
	1		5					
		4				3		5

DATE:

TIME:

Question **148**

2						9		
	8	9	2	4				
			1	9				6
9		2					3	
3								9
	4					2		8
8				7	5			
				3	9	1	5	
		4						7

LEVEL 1

LEVEL 2

LEVEL 3

DATE:

TIME:

Question **149**

								5
	9				1			8
			2	6	9			
		3			2		4	
	2	4		7		3	1	
	7		1			2		
		2	4	3				
6			5				9	
9								

DATE:

TIME:

POWER SUDOKU

Question **150**

			9	7				4
6	5							
		7		6	1			
4		9	2					
		8				6		
					3	7		1
		3	5			1		
							9	5
1				8	7			

LEVEL
1

LEVEL
2

LEVEL
3

DATE:

TIME:

POWER ANSWER

4	6	1	2	7	8	3	5	9
7	8	2	5	3	9	4	1	6
5	9	3	1	4	6	7	2	8
9	2	8	7	5	4	1	6	3
3	5	7	8	6	1	2	9	4
6	1	4	9	2	3	5	8	7
1	7	6	4	9	2	8	3	5
8	3	5	6	1	7	9	4	2
2	4	9	3	8	5	6	7	1

Answer 2

7	6	1	9	2	3	8	4	5
5	2	8	1	6	4	7	3	9
4	3	9	8	5	7	6	1	2
1	5	3	2	4	6	9	8	7
8	7	2	3	9	1	5	6	4
6	9	4	7	8	5	3	2	1
2	4	5	6	3	9	1	7	8
3	8	7	5	1	2	4	9	6
9	1	6	4	7	8	2	5	3

Answer 3

4	3	1	2	5	9	7	6	8
9	6	2	4	8	7	1	5	3
7	5	8	3	6	1	4	2	9
3	8	6	9	2	4	5	7	1
2	4	9	1	7	5	8	3	6
5	1	7	6	3	8	2	9	4
8	2	4	7	9	3	6	1	5
1	7	3	5	4	6	9	8	2
6	9	5	8	1	2	3	4	7

Answer 4

7	4	9	2	1	5	8	6	3
5	8	6	4	9	3	2	7	1
1	3	2	7	8	6	5	9	4
6	7	3	5	2	9	4	1	8
4	5	8	6	7	1	9	3	2
9	2	1	3	4	8	6	5	7
8	6	4	9	3	7	1	2	5
2	9	7	1	5	4	3	8	6
3	1	5	8	6	2	7	4	9

Answer 5

6	5	2	3	9	4	8	1	7
8	4	3	7	2	1	9	5	6
1	7	9	5	8	6	2	3	4
5	2	8	1	6	3	4	7	9
9	3	6	8	4	7	5	2	1
7	1	4	9	5	2	6	8	3
3	6	5	4	1	8	7	9	2
2	8	1	6	7	9	3	4	5
4	9	7	2	3	5	1	6	8

Answer 6

8	9	6	7	2	4	5	3	1
2	1	4	3	6	5	9	7	8
5	3	7	8	1	9	4	6	2
9	4	5	2	3	8	7	1	6
1	6	2	9	4	7	3	8	5
3	7	8	6	5	1	2	4	9
4	2	3	5	8	6	1	9	7
6	5	9	1	7	3	8	2	4
7	8	1	4	9	2	6	5	3

POWER SUDOKU

A

Answer 07

1	4	5	6	8	9	7	2	3
6	8	9	2	3	7	4	5	1
3	2	7	4	5	1	6	9	8
8	3	2	9	6	5	1	7	4
9	1	6	3	7	4	5	8	2
7	5	4	1	2	8	3	6	9
5	7	3	8	1	2	9	4	6
2	9	1	7	4	6	8	3	5
4	6	8	5	9	3	2	1	7

Answer 08

4	6	9	1	2	3	5	8	7
7	2	1	8	6	5	9	4	3
8	3	5	7	4	9	1	2	6
6	1	4	3	5	8	7	9	2
5	8	7	9	1	2	6	3	4
3	9	2	4	7	6	8	1	5
2	7	3	5	9	1	4	6	8
9	5	8	6	3	4	2	7	1
1	4	6	2	8	7	3	5	9

Answer 09

9	4	7	8	6	2	5	1	3
5	6	1	3	7	9	2	8	4
3	8	2	5	1	4	7	6	9
1	3	6	9	2	5	8	4	7
7	9	8	6	4	3	1	2	5
4	2	5	1	8	7	3	9	6
8	5	3	4	9	1	6	7	2
6	7	4	2	3	8	9	5	1
2	1	9	7	5	6	4	3	8

Answer 10

9	7	4	2	8	1	3	6	5
8	2	6	5	7	3	9	1	4
5	3	1	6	4	9	2	8	7
6	5	9	1	3	4	8	7	2
1	8	2	7	6	5	4	9	3
3	4	7	9	2	8	1	5	6
2	9	8	3	5	7	6	4	1
4	6	5	8	1	2	7	3	9
7	1	3	4	9	6	5	2	8

Answer 11

5	8	2	7	1	9	6	3	4
4	9	6	3	2	5	7	8	1
7	1	3	4	8	6	2	9	5
0	0	7	2	9	4	5	1	3
1	5	9	6	3	8	4	7	2
2	3	4	5	7	1	8	6	9
6	2	1	9	5	7	3	4	8
3	4	8	1	6	2	9	5	7
9	7	5	8	4	3	1	2	6

Answer 12

4	7	3	8	9	6	1	2	5
6	1	2	3	5	4	8	7	9
8	5	9	2	7	1	4	6	3
2	6	1	0	8	5	3	1	7
3	4	5	6	1	7	9	8	2
9	8	7	4	3	2	5	1	6
7	3	4	1	2	9	6	5	8
1	2	8	5	6	3	7	9	4
5	9	6	7	4	8	2	3	1

A

POWER SUDOKU

Answer **13**

4	1	8	2	5	3	9	6	7
3	6	5	9	4	7	1	8	2
2	7	9	6	1	8	5	3	4
1	2	3	7	6	4	8	9	5
8	9	7	5	3	2	4	1	6
5	4	6	8	9	1	7	2	3
9	5	1	4	2	6	3	7	8
6	8	4	3	7	9	2	5	1
7	3	2	1	8	5	6	4	9

Answer **14**

7	1	5	3	6	4	9	8	2
4	6	9	5	8	2	3	7	1
2	3	8	1	9	7	5	4	6
8	7	4	9	2	5	1	6	3
3	5	6	7	4	1	8	2	9
1	9	2	6	3	8	4	5	7
9	4	3	2	5	6	7	1	8
6	8	1	4	7	9	2	3	5
5	2	7	8	1	3	6	9	4

Answer **15**

9	7	4	6	2	3	8	5	1
6	5	2	1	8	9	7	4	3
8	3	1	4	7	5	6	9	2
5	6	9	8	4	2	1	3	7
3	4	8	9	1	7	5	2	6
1	2	7	3	5	6	4	8	9
2	1	5	7	3	8	9	6	4
4	9	3	5	6	1	2	7	8
7	8	6	2	9	4	3	1	5

Answer **16**

4	3	2	5	6	9	8	1	7
1	6	8	7	2	4	3	9	5
9	7	5	3	1	8	6	2	4
5	2	7	9	3	6	4	8	1
6	9	4	8	5	1	7	3	2
8	1	3	2	4	7	9	5	6
7	5	1	4	9	3	2	6	8
3	4	6	1	8	2	5	7	9
2	8	9	6	7	5	1	4	3

Answer **17**

8	5	9	4	3	2	1	7	6
2	3	1	7	6	9	5	4	8
6	4	7	5	1	8	2	9	3
1	9	6	3	4	7	8	2	5
4	8	3	2	9	5	7	6	1
5	7	2	1	8	6	9	3	4
7	6	8	9	5	4	3	1	2
3	2	4	8	7	1	6	5	9
9	1	5	6	2	3	4	8	7

Answer **18**

3	1	7	5	2	6	9	4	8
5	8	2	9	4	7	3	6	1
6	9	4	3	1	8	2	7	5
7	2	9	6	3	5	8	1	4
1	4	6	8	9	2	7	5	3
8	3	5	1	7	4	6	2	9
2	7	1	4	8	3	5	9	6
4	6	3	2	5	9	1	8	7
9	5	8	7	6	1	4	3	2

Answer 19

8	2	3	9	1	7	4	6	5
4	1	7	3	6	5	8	9	2
9	6	5	4	8	2	3	1	7
3	4	8	2	9	6	7	5	1
6	7	2	8	5	1	9	4	3
5	9	1	7	3	4	6	2	8
2	8	6	1	7	9	5	3	4
1	3	9	5	4	8	2	7	6
7	5	4	6	2	3	1	8	9

Answer 20

2	8	6	9	4	7	5	1	3
3	4	1	5	8	2	6	7	9
5	7	9	3	6	1	4	8	2
9	1	3	6	7	4	8	2	5
8	6	4	2	5	9	7	3	1
7	5	2	1	3	8	9	4	6
1	2	7	8	9	6	3	5	4
4	9	5	7	1	3	2	6	8
6	3	8	4	2	5	1	9	7

Answer 21

6	9	5	2	3	7	4	8	1
8	3	1	5	9	4	2	7	6
4	2	7	6	8	1	9	5	3
2	6	8	9	1	5	7	3	4
5	4	3	7	2	6	1	9	8
1	7	9	3	4	8	5	6	2
3	1	6	4	7	9	8	2	5
7	5	4	8	6	2	3	1	9
9	8	2	1	5	3	6	4	7

Answer 22

4	9	8	7	5	1	2	3	6
1	3	5	8	2	6	4	9	7
6	7	2	9	3	4	5	1	8
5	4	9	1	6	3	8	7	2
8	2	6	5	9	7	3	4	1
7	1	3	4	8	2	9	6	5
3	5	1	2	7	9	6	8	4
2	6	4	3	1	8	7	5	9
9	8	7	6	4	5	1	2	3

Answer 23

4	1	5	7	9	6	2	8	3
8	2	3	5	1	4	6	7	9
6	7	9	2	8	3	1	4	5
3	6	8	4	7	1	5	9	2
2	5	1	8	6	9	4	3	7
9	4	7	3	5	2	8	6	1
5	8	6	1	3	7	9	2	4
1	3	2	9	4	8	7	5	6
7	9	4	6	2	5	3	1	8

Answer 24

8	2	7	3	5	9	1	4	6
9	1	6	8	4	7	3	5	2
3	5	4	6	1	2	9	7	8
6	8	2	4	9	3	7	1	5
1	9	5	7	6	8	4	2	3
4	7	3	5	2	1	8	6	9
5	3	8	2	7	4	6	9	1
7	6	9	1	3	5	2	8	4
2	4	1	9	8	6	5	3	7

POWER ANSWER

Answer **25**

1	9	2	5	3	4	7	6	8
7	5	3	6	8	1	9	4	2
4	8	6	9	2	7	5	1	3
6	3	8	1	7	5	4	2	9
5	1	4	2	9	3	6	8	7
9	2	7	8	4	6	3	5	1
2	4	1	7	6	9	8	3	5
8	6	9	3	5	2	1	7	4
3	7	5	4	1	8	2	9	6

Answer **26**

8	6	7	4	2	5	1	3	9
5	2	3	1	8	9	6	7	4
4	9	1	7	3	6	5	8	2
7	8	2	5	6	1	9	4	3
9	3	5	2	7	4	8	6	1
6	1	4	3	9	8	2	5	7
3	5	8	9	1	7	4	2	6
2	4	9	6	5	3	7	1	8
1	7	6	8	4	2	3	9	5

Answer **27**

7	9	4	6	1	2	3	8	5
6	2	1	5	8	3	9	4	7
5	8	3	4	9	7	1	6	2
9	4	6	7	2	8	5	1	3
8	7	2	3	5	1	6	9	4
3	1	5	9	4	6	7	2	8
1	3	7	8	6	4	2	5	9
2	5	8	1	3	9	4	7	6
4	6	9	2	7	5	8	3	1

Answer **28**

2	9	7	4	8	5	3	1	6
8	6	5	1	2	3	9	4	7
1	3	4	6	7	9	2	8	5
9	5	2	7	3	4	8	6	1
6	7	1	8	9	2	5	3	4
3	4	8	5	1	6	7	2	9
4	1	9	2	5	8	6	7	3
7	2	3	9	6	1	4	5	8
5	8	6	3	4	7	1	9	2

Answer **29**

3	5	4	2	7	1	8	6	9
8	2	9	6	4	5	1	7	3
7	6	1	8	9	3	5	2	4
6	1	3	5	8	4	2	9	7
4	9	2	1	6	7	3	5	8
5	8	7	9	3	2	6	4	1
2	7	6	4	1	8	9	3	5
9	4	8	3	5	6	7	1	2
1	3	5	7	2	9	4	8	6

Answer **30**

5	1	2	4	3	8	6	7	9
6	4	7	1	2	9	5	3	8
8	3	9	6	5	7	2	1	4
4	2	8	3	1	6	7	9	5
3	9	6	5	7	4	1	8	2
1	7	5	9	8	2	3	4	6
9	6	1	2	4	3	8	5	7
7	5	4	8	6	1	9	2	3
2	8	3	7	9	5	4	6	1

Answer 31

6	7	3	5	8	2	4	1	9
9	8	4	3	6	1	2	5	7
2	1	5	7	4	9	8	3	6
4	5	1	6	2	3	7	9	8
8	3	6	1	9	7	5	2	4
7	2	9	8	5	4	1	6	3
1	9	8	2	7	6	3	4	5
5	4	2	9	3	8	6	7	1
3	6	7	4	1	5	9	8	2

Answer 32

5	2	6	1	9	3	7	4	8
7	4	3	8	2	6	1	5	9
9	1	8	7	4	5	3	6	2
1	3	5	6	8	7	9	2	4
4	7	2	3	5	9	8	1	6
8	6	9	4	1	2	5	7	3
6	5	7	9	3	4	2	8	1
3	8	4	2	7	1	6	9	5
2	9	1	5	6	8	4	3	7

Answer 33

3	6	9	2	4	5	7	1	8
8	4	5	1	7	6	2	3	9
2	7	1	8	3	9	5	4	6
4	9	7	6	2	1	3	8	5
1	2	8	9	5	3	6	7	4
6	5	3	7	8	4	1	9	2
5	1	4	3	9	2	8	6	7
7	3	2	4	6	8	9	5	1
9	8	6	5	1	7	4	2	3

Answer 34

3	1	2	7	8	9	5	6	4
4	8	7	5	6	3	2	9	1
9	6	5	4	2	1	7	8	3
7	2	9	6	5	4	3	1	8
6	5	4	3	1	8	9	7	2
1	3	8	9	7	2	4	5	6
2	4	1	8	9	7	6	3	5
8	9	6	2	3	5	1	4	7
5	7	3	1	4	6	8	2	9

Answer 35

2	5	9	4	7	6	3	8	1
8	3	7	9	5	1	2	6	4
4	1	6	3	8	2	7	5	9
9	2	8	7	1	3	6	4	5
5	4	3	2	6	9	8	1	7
6	7	1	5	4	8	9	2	3
1	6	5	8	3	7	4	9	2
3	9	4	6	2	5	1	7	8
7	8	2	1	9	4	5	3	6

Answer 36

2	1	6	4	3	5	8	7	9
3	8	5	9	7	2	1	4	6
9	4	7	6	1	8	2	3	5
1	5	3	2	4	6	7	9	8
4	2	9	1	8	7	5	6	3
7	6	8	5	9	3	4	1	2
6	7	4	8	2	9	3	5	1
8	9	1	3	5	4	6	2	7
5	3	2	7	6	1	9	8	4

A
N
S
W
E
R

POWER
ANSWER

Answer **37**

6	8	2	1	9	5	7	4	3
5	1	7	3	2	4	6	8	9
4	9	3	7	6	8	5	2	1
7	3	9	4	8	2	1	5	6
8	5	1	6	3	9	4	7	2
2	6	4	5	7	1	3	9	8
3	4	8	2	1	7	9	6	5
9	7	6	8	5	3	2	1	4
1	2	5	9	4	6	8	3	7

Answer **38**

7	2	5	8	1	9	3	4	6
9	3	6	5	2	4	8	7	1
1	8	4	3	6	7	2	9	5
4	5	3	1	8	2	7	6	9
8	9	1	4	7	6	5	3	2
6	7	2	9	3	5	1	8	4
3	4	9	7	5	1	6	2	8
5	6	7	2	4	8	9	1	3
2	1	8	6	9	3	4	5	7

Answer **39**

4	6	8	9	2	1	7	5	3
7	2	1	6	3	5	9	8	4
3	5	9	8	4	7	1	2	6
8	1	3	5	6	4	2	9	7
6	4	2	7	1	9	5	3	8
9	7	5	3	8	2	6	4	1
5	3	7	4	9	6	8	1	2
1	9	4	2	7	8	3	6	5
2	8	6	1	5	3	4	7	9

Answer **40**

8	2	9	1	4	3	5	7	6
3	6	7	5	9	8	1	4	2
1	5	4	6	7	2	8	3	9
5	7	1	8	3	6	9	2	4
9	4	8	7	2	5	6	1	3
6	3	2	9	1	4	7	5	8
2	8	6	4	5	1	3	9	7
4	9	5	3	8	7	2	6	1
7	1	3	2	6	9	4	8	5

Answer **41**

2	5	3	9	7	8	4	6	1
7	4	8	3	6	1	9	2	5
6	9	1	4	2	5	3	8	7
3	6	9	2	5	7	8	1	4
1	8	4	6	3	9	7	5	2
5	7	2	8	1	4	6	9	3
4	2	5	7	8	6	1	3	9
9	3	6	1	4	2	5	7	8
8	1	7	5	9	3	2	4	6

Answer **42**

8	6	2	4	9	5	7	3	1
3	5	4	2	1	7	8	6	9
9	1	7	3	8	6	4	2	5
2	4	9	7	6	1	3	5	8
7	3	6	8	5	2	9	1	4
5	8	1	9	4	3	2	7	6
1	2	8	6	3	4	5	9	7
4	7	5	1	2	9	6	8	3
6	9	3	5	7	8	1	4	2

Answer 43

2	4	7	1	8	9	3	5	6
8	3	6	5	7	4	9	2	1
5	9	1	2	6	3	8	4	7
1	7	2	9	5	6	4	8	3
9	6	5	4	3	8	1	7	2
4	8	3	7	1	2	6	9	5
7	2	8	6	9	1	5	3	4
3	1	4	8	2	5	7	6	9
6	5	9	3	4	7	2	1	8

Answer 44

5	6	9	2	8	4	1	7	3
2	4	1	7	3	5	6	9	8
8	3	7	1	6	9	4	5	2
6	5	8	3	7	2	9	1	4
9	7	3	6	4	1	2	8	5
4	1	2	9	5	8	3	6	7
1	9	5	4	2	7	8	3	6
7	2	6	8	1	3	5	4	9
3	8	4	5	9	6	7	2	1

Answer 45

6	8	3	7	1	9	5	2	4
1	2	7	5	4	6	3	9	8
4	9	5	3	8	2	6	1	7
3	7	6	9	5	8	2	4	1
9	1	2	6	3	4	7	8	5
8	5	4	2	7	1	9	3	6
2	4	9	8	6	5	1	7	3
5	3	1	4	9	7	8	6	2
7	6	8	1	2	3	4	5	9

Answer 46

1	8	5	9	4	2	7	3	6
6	3	9	7	1	8	2	5	4
2	4	7	6	3	5	1	9	8
4	7	2	5	9	3	6	8	1
8	5	1	2	6	7	3	4	9
9	6	3	1	8	4	5	2	7
7	9	8	3	5	1	4	6	2
3	2	6	4	7	9	8	1	5
5	1	4	8	2	6	9	7	3

Answer 47

7	5	2	1	6	8	3	4	9
1	6	8	3	4	9	7	2	5
4	9	3	2	7	5	8	6	1
3	8	4	9	2	7	5	1	6
5	7	6	4	8	1	2	9	3
9	2	1	6	5	3	4	8	7
8	1	7	5	9	4	6	3	2
6	4	9	7	3	2	1	5	8
2	3	5	8	1	6	9	7	4

Answer 48

7	8	9	4	2	6	1	3	5
1	4	6	3	7	5	8	2	9
3	2	5	1	8	9	4	6	7
4	5	3	2	9	8	7	1	6
6	9	1	5	4	7	2	8	3
2	7	8	6	3	1	9	5	4
9	6	7	8	1	3	5	4	2
8	3	4	9	5	2	6	7	1
5	1	2	7	6	4	3	9	8

ANSWER

POWER ANSWER

Answer 49

3	6	7	4	1	9	8	2	5
2	1	8	5	6	3	9	7	4
4	5	9	7	8	2	3	6	1
5	2	1	6	3	4	7	8	9
6	9	3	8	7	5	1	4	2
8	7	4	9	2	1	5	3	6
1	4	2	3	5	8	6	9	7
9	3	6	1	4	7	2	5	8
7	8	5	2	9	6	4	1	3

Answer 50

8	5	7	4	2	1	9	3	6
9	2	3	8	7	6	5	4	1
4	1	6	5	9	3	8	2	7
2	8	4	3	6	9	7	1	5
7	9	1	2	8	5	3	6	4
3	6	5	7	1	4	2	9	8
5	4	9	6	3	7	1	8	2
1	7	2	9	4	8	6	5	3
6	3	8	1	5	2	4	7	9

Answer 51

2	3	9	1	6	8	5	4	7
7	8	4	5	9	2	3	6	1
1	5	6	4	7	3	9	2	8
4	9	1	2	8	5	6	7	3
5	2	7	6	3	1	8	9	4
8	6	3	7	4	9	2	1	5
6	1	2	8	5	7	4	3	9
9	4	8	3	1	6	7	5	2
3	7	5	9	2	4	1	8	6

Answer 52

1	2	9	3	4	5	7	6	8
5	6	7	2	8	9	4	1	3
8	3	4	1	6	7	9	5	2
3	7	2	5	1	4	8	9	6
9	8	5	7	3	6	1	2	4
4	1	6	9	2	8	5	3	7
6	5	8	4	9	2	3	7	1
7	4	1	6	5	3	2	8	9
2	9	3	8	7	1	6	4	5

Answer 53

6	4	7	1	5	8	9	2	3
9	5	8	4	2	3	7	6	1
3	2	1	9	7	6	5	8	4
7	1	2	6	9	4	3	5	8
8	9	6	5	3	7	4	1	2
4	3	5	8	1	2	6	9	7
2	6	9	3	4	1	8	7	5
1	8	3	7	6	5	2	4	9
5	7	4	2	8	9	1	3	6

Answer 54

4	5	7	3	9	6	2	8	1
8	2	9	5	4	1	7	6	3
6	3	1	7	2	8	4	5	9
3	9	8	2	1	7	6	4	5
2	7	6	4	3	5	9	1	8
1	4	5	8	6	9	3	7	2
5	8	4	9	7	2	1	3	6
9	1	3	6	5	4	8	2	7
7	6	2	1	8	3	5	9	4

Answer **55**

7	8	9	6	2	3	4	5	1
5	3	6	9	1	4	2	7	8
1	2	4	8	5	7	6	3	9
9	5	7	1	4	6	8	2	3
4	1	8	2	3	5	7	9	6
3	6	2	7	8	9	1	4	5
6	9	5	4	7	1	3	8	2
2	4	1	3	9	8	5	6	7
8	7	3	5	6	2	9	1	4

Answer **56**

8	4	9	1	5	6	3	2	7
7	5	3	8	9	2	6	1	4
2	6	1	4	7	3	9	5	8
5	1	7	9	3	4	2	8	6
3	8	2	6	1	7	4	9	5
6	9	4	5	2	8	1	7	3
9	7	6	2	4	5	8	3	1
1	3	8	7	6	9	5	4	2
4	2	5	3	8	1	7	6	9

Answer **57**

5	4	1	2	8	6	9	3	7
6	8	7	3	9	5	2	1	4
3	2	9	7	4	1	5	6	8
1	7	8	9	3	2	6	4	5
4	9	6	5	1	7	3	8	2
2	3	5	8	6	4	1	7	9
9	6	3	4	5	8	7	2	1
7	5	4	1	2	3	8	9	6
8	1	2	6	7	9	4	5	3

Answer **58**

9	5	7	1	3	4	6	2	8
2	1	6	5	8	9	3	7	4
3	8	4	7	6	2	1	9	5
7	2	3	8	1	5	4	6	9
1	4	8	9	2	6	7	5	3
5	6	9	4	7	3	2	8	1
8	9	2	6	4	1	5	3	7
4	3	5	2	9	7	8	1	6
6	7	1	3	5	8	9	4	2

Answer **59**

6	8	2	9	4	7	3	5	1
4	5	1	6	2	3	9	8	7
9	7	3	5	1	8	6	2	4
7	3	0	1	5	4	2	6	8
1	4	6	3	8	2	7	9	5
5	2	8	7	6	9	1	4	3
2	1	5	8	7	6	4	3	9
3	6	7	4	9	5	8	1	2
8	9	4	2	3	1	5	7	6

Answer **60**

5	3	6	1	8	4	7	9	2
4	7	2	6	9	3	8	5	1
9	1	8	2	5	7	3	4	6
7	8	0	3	6	5	1	2	4
6	5	3	4	2	1	9	7	8
1	2	4	9	7	8	5	6	3
3	9	1	5	4	2	6	8	7
8	4	5	7	1	6	2	3	9
2	6	7	8	3	9	4	1	5

POWER ANSWER

Answer 61

4	9	5	6	1	7	2	3	8
7	6	2	5	8	3	4	1	9
8	1	3	2	4	9	7	6	5
3	4	9	7	2	5	6	8	1
2	5	1	8	3	6	9	4	7
6	8	7	4	9	1	5	2	3
1	2	4	9	5	8	3	7	6
9	7	8	3	6	2	1	5	4
5	3	6	1	7	4	8	9	2

Answer 62

8	6	5	4	9	1	7	2	3
4	1	9	3	2	7	8	5	6
7	2	3	8	6	5	4	1	9
1	8	2	9	3	4	5	6	7
6	9	7	5	8	2	3	4	1
3	5	4	7	1	6	9	8	2
2	7	8	1	5	3	6	9	4
5	4	6	2	7	9	1	3	8
9	3	1	6	4	8	2	7	5

Answer 63

1	7	2	3	4	6	5	8	9
9	8	3	7	2	5	1	6	4
6	5	4	1	9	8	3	7	2
8	9	1	6	7	4	2	3	5
3	6	7	2	5	9	8	4	1
4	2	5	8	1	3	6	9	7
2	1	8	4	3	7	9	5	6
5	4	6	9	8	2	7	1	3
7	3	9	5	6	1	4	2	8

Answer 64

8	4	3	6	7	9	5	1	2
5	6	7	2	4	1	9	3	8
9	1	2	3	5	8	4	7	6
4	3	5	9	8	6	7	2	1
2	8	9	1	3	7	6	5	4
1	7	6	5	2	4	3	8	9
3	9	1	7	6	2	8	4	5
7	2	4	8	9	5	1	6	3
6	5	8	4	1	3	2	9	7

Answer 65

5	4	9	6	1	7	8	3	2
7	2	1	3	4	8	5	6	9
6	3	8	5	2	9	1	4	7
9	6	4	7	8	3	2	5	1
3	1	5	2	9	6	7	8	4
8	7	2	4	5	1	3	9	6
2	8	6	1	3	4	9	7	5
1	9	7	8	6	5	4	2	3
4	5	3	9	7	2	6	1	8

Answer 66

8	4	2	5	6	1	3	9	7
3	7	1	9	8	4	2	6	5
5	9	6	3	7	2	8	1	4
1	5	8	7	4	6	9	3	2
4	2	7	8	3	9	1	5	6
9	6	3	2	1	5	4	7	8
6	3	4	1	2	7	5	8	9
2	1	5	6	9	8	7	4	3
7	8	9	4	5	3	6	2	1

POWER SUDOKU

Answer 67

4	8	9	3	1	6	7	2	5
6	3	7	8	5	2	9	1	4
5	1	2	7	4	9	8	3	6
9	6	5	1	3	4	2	8	7
7	2	1	9	8	5	4	6	3
3	4	8	2	6	7	5	9	1
8	7	4	6	9	3	1	5	2
1	5	6	4	2	8	3	7	9
2	9	3	5	7	1	6	4	8

Answer 68

8	1	5	4	2	3	9	7	6
9	6	4	5	8	7	1	2	3
7	2	3	1	6	9	4	5	8
6	7	1	3	9	8	5	4	2
3	9	8	2	5	4	6	1	7
5	4	2	7	1	6	8	3	9
4	3	6	8	7	5	2	9	1
2	8	7	9	4	1	3	6	5
1	5	9	6	3	2	7	8	4

Answer 69

7	9	4	1	8	2	3	6	5
6	3	5	7	4	9	8	1	2
1	8	2	6	5	3	7	9	4
3	1	9	2	7	8	4	5	6
5	2	8	4	9	6	1	3	7
4	7	6	5	3	1	9	2	8
8	4	3	9	2	5	6	7	1
9	5	1	8	6	7	2	4	3
2	6	7	3	1	4	5	8	9

Answer 70

6	9	3	4	7	2	8	5	1
7	1	2	9	5	8	6	4	3
5	8	4	1	6	3	7	2	9
1	6	9	3	4	7	2	8	5
2	7	8	5	9	1	4	3	6
4	3	5	2	8	6	9	1	7
8	5	1	6	2	9	3	7	4
3	2	6	7	1	4	5	9	8
9	4	7	8	3	5	1	6	2

Answer 71

4	5	3	6	2	1	9	7	8
7	8	6	3	9	4	5	2	1
2	1	9	5	8	7	4	6	3
1	6	5	9	3	2	8	4	7
3	2	4	1	7	8	6	5	9
8	9	7	4	6	5	3	1	2
9	4	2	8	1	6	7	3	5
5	3	1	7	4	9	2	8	6
6	7	8	2	5	3	1	9	4

Answer 72

9	5	3	8	7	6	2	4	1
8	1	7	3	4	2	9	5	6
2	6	4	9	1	5	7	8	3
3	4	8	2	5	7	1	6	9
1	7	2	4	6	9	8	3	5
6	9	5	1	8	3	4	2	7
7	8	1	6	3	4	5	9	2
4	2	6	5	9	1	3	7	8
5	3	9	7	2	8	6	1	4

POWER
ANSWER

Answer **73**

9	5	2	6	8	3	7	4	1
3	6	7	2	1	4	8	9	5
4	1	8	9	7	5	6	3	2
7	9	4	5	2	6	1	8	3
2	3	1	8	4	9	5	7	6
5	8	6	1	3	7	4	2	9
1	7	3	4	6	2	9	5	8
6	2	5	7	9	8	3	1	4
8	4	9	3	5	1	2	6	7

Answer **74**

2	8	3	5	4	7	6	9	1
6	1	5	2	9	3	7	8	4
7	9	4	8	1	6	2	3	5
8	7	2	3	6	4	5	1	9
4	6	9	1	8	5	3	2	7
3	5	1	7	2	9	8	4	6
9	2	8	6	7	1	4	5	3
5	4	6	9	3	2	1	7	8
1	3	7	4	5	8	9	6	2

Answer **75**

5	6	3	7	1	9	4	2	8
8	9	4	6	2	5	7	1	3
1	2	7	4	3	8	6	5	9
6	3	9	8	5	4	2	7	1
7	8	1	2	9	6	5	3	4
2	4	5	1	7	3	9	8	6
3	5	6	9	8	2	1	4	7
9	1	2	3	4	7	8	6	5
4	7	8	5	6	1	3	9	2

Answer **76**

4	8	9	5	6	2	3	1	7
3	2	1	7	4	8	5	9	6
5	6	7	1	3	9	4	2	8
8	1	6	9	5	7	2	4	3
9	5	2	4	8	3	7	6	1
7	4	3	2	1	6	9	8	5
2	3	8	6	7	4	1	5	9
6	9	5	3	2	1	8	7	4
1	7	4	8	9	5	6	3	2

Answer **77**

3	1	8	2	4	5	9	6	7
6	9	2	1	7	3	8	5	4
4	7	5	9	8	6	3	2	1
1	8	4	3	2	9	6	7	5
5	2	3	7	6	1	4	8	9
9	6	7	4	5	8	1	3	2
7	4	1	8	3	2	5	9	6
8	5	9	6	1	7	2	4	3
2	3	6	5	9	4	7	1	8

Answer **78**

7	8	3	6	9	2	5	4	1
1	6	5	7	8	4	9	2	3
4	2	9	3	1	5	7	6	8
8	9	6	1	5	7	4	3	2
2	4	1	9	3	8	6	7	5
5	3	7	2	4	6	1	8	9
6	5	2	8	7	1	3	9	4
3	7	4	5	2	9	8	1	6
9	1	8	4	6	3	2	5	7

Answer **79**

4	9	2	7	8	1	6	3	5
1	6	8	3	9	5	4	7	2
7	5	3	6	2	4	1	9	8
5	2	4	1	3	6	9	8	7
6	3	1	9	7	8	2	5	4
9	8	7	4	5	2	3	6	1
2	7	9	8	1	3	5	4	6
8	1	6	5	4	9	7	2	3
3	4	5	2	6	7	8	1	9

Answer **80**

4	5	1	7	9	2	6	8	3
7	3	8	6	4	1	9	2	5
6	9	2	8	5	3	7	1	4
9	8	6	5	2	7	3	4	1
5	1	4	9	3	6	2	7	8
2	7	3	4	1	8	5	9	6
3	4	7	2	8	5	1	6	9
1	6	9	3	7	4	8	5	2
8	2	5	1	6	9	4	3	7

Answer **81**

5	7	1	8	9	4	2	6	3
9	4	3	1	6	2	7	5	8
2	8	6	5	7	3	4	1	9
8	6	7	3	1	5	9	4	2
3	9	2	6	4	8	1	7	5
4	1	5	9	2	7	8	3	6
1	5	4	2	3	9	6	8	7
6	3	9	7	8	1	5	2	4
7	2	8	4	5	6	3	9	1

Answer **82**

4	8	5	3	6	1	7	2	9
3	9	7	5	2	4	6	1	8
1	2	6	9	8	7	4	5	3
7	6	1	4	5	9	8	3	2
8	5	3	6	1	2	9	7	4
9	4	2	8	7	3	5	6	1
6	3	8	1	4	5	2	9	7
2	1	4	7	9	6	3	8	5
5	7	9	2	3	8	1	4	6

Answer **83**

5	9	1	6	4	2	7	3	8
7	2	3	8	5	9	6	1	4
6	8	4	7	1	3	5	2	9
9	1	5	2	6	7	4	8	3
3	4	8	1	9	5	2	6	7
2	7	6	4	3	8	9	5	1
8	5	2	9	7	1	3	4	6
1	6	7	3	2	4	8	9	5
4	3	9	5	8	6	1	7	2

Answer **84**

7	5	8	4	2	1	6	9	3
9	1	2	3	7	6	5	4	8
3	6	4	9	8	5	7	2	1
8	7	1	5	6	4	9	3	2
4	2	5	7	3	9	8	1	6
6	9	3	8	1	2	4	7	5
5	3	7	2	4	8	1	6	9
2	8	6	1	9	7	3	5	4
1	4	9	6	5	3	2	8	7

A
N
S
W
E
R

POWER SUDOKU

A

Answer 85

1	8	2	5	9	7	3	6	4
6	3	5	4	8	2	7	1	9
7	9	4	3	1	6	8	5	2
2	1	7	8	5	4	6	9	3
3	5	9	6	7	1	4	2	8
8	4	6	2	3	9	1	7	5
5	2	3	1	6	8	9	4	7
4	7	1	9	2	3	5	8	6
9	6	8	7	4	5	2	3	1

Answer 86

8	9	7	1	2	3	5	4	6
2	5	3	8	4	6	1	9	7
6	4	1	9	5	7	8	3	2
3	2	6	7	8	9	4	1	5
5	1	9	2	6	4	3	7	8
4	7	8	3	1	5	2	6	9
9	8	2	6	3	1	7	5	4
1	6	5	4	7	8	9	2	3
7	3	4	5	9	2	6	8	1

Answer 87

4	3	2	6	1	5	8	9	7
1	7	8	4	9	2	5	6	3
6	9	5	8	7	3	1	2	4
3	1	9	7	2	8	6	4	5
8	4	7	1	5	6	2	3	9
5	2	6	3	4	9	7	1	8
9	8	1	2	3	7	4	5	6
2	6	3	5	8	4	9	7	1
7	5	4	9	6	1	3	8	2

Answer 88

1	4	2	9	6	8	7	3	5
3	6	5	7	2	4	8	9	1
8	7	9	1	5	3	6	4	2
7	2	6	8	3	5	4	1	9
9	8	3	4	1	2	5	7	6
5	1	4	6	9	7	2	8	3
6	9	7	5	4	1	3	2	8
4	3	1	2	8	6	9	5	7
2	5	8	3	7	9	1	6	4

Answer 89

9	6	5	7	8	3	4	2	1
8	3	4	1	2	9	6	7	5
2	1	7	5	6	4	8	9	3
7	9	8	6	4	1	5	3	2
4	5	1	3	7	2	9	6	8
3	2	6	8	9	5	7	1	4
5	4	9	2	1	6	3	8	7
1	7	3	9	5	8	2	4	6
6	8	2	4	3	7	1	5	9

Answer 90

2	4	3	9	5	8	7	1	6
7	8	5	3	6	1	2	9	4
6	9	1	7	2	4	8	3	5
8	6	9	5	4	3	1	2	7
1	2	4	6	9	7	3	5	8
3	5	7	8	1	2	4	6	9
5	7	8	1	3	9	6	4	2
9	1	2	4	7	6	5	8	3
4	3	6	2	8	5	9	7	1

Answer 91

6	2	3	8	4	1	9	7	5
5	9	8	2	6	7	3	4	1
7	4	1	5	9	3	2	6	8
2	1	4	7	3	5	8	9	6
9	5	7	1	8	6	4	2	3
8	3	6	4	2	9	1	5	7
1	8	2	6	7	4	5	3	9
3	7	5	9	1	2	6	8	4
4	6	9	3	5	8	7	1	2

Answer 92

2	7	6	5	3	8	1	9	4
1	3	8	6	4	9	7	5	2
4	5	9	1	7	2	8	6	3
3	1	2	4	6	5	9	8	7
9	6	5	3	8	7	2	4	1
8	4	7	2	9	1	5	3	6
6	2	1	8	5	3	4	7	9
5	9	4	7	2	6	3	1	8
7	8	3	9	1	4	6	2	5

Answer 93

4	3	2	7	6	5	8	1	9
9	7	8	2	1	4	3	5	6
6	1	5	8	3	9	4	2	7
7	2	4	9	8	3	5	6	1
5	6	1	4	7	2	9	8	3
3	8	9	6	5	1	7	4	2
8	4	6	1	9	7	2	3	5
2	9	3	5	4	6	1	7	8
1	5	7	3	2	8	6	9	4

Answer 94

7	5	6	9	8	3	2	1	4
8	3	4	2	1	7	9	6	5
9	1	2	5	4	6	8	7	3
1	4	8	6	2	5	7	3	9
5	9	7	1	3	4	6	8	2
2	6	3	7	9	8	4	5	1
4	2	5	8	6	1	3	9	7
3	8	1	4	7	9	5	2	6
6	7	9	3	5	2	1	4	8

Answer 95

2	7	1	9	4	8	6	3	5
8	4	9	6	5	3	2	7	1
5	3	6	1	7	2	4	9	8
9	6	2	5	8	1	3	4	7
3	5	8	4	2	7	1	6	9
7	1	4	3	6	9	5	8	2
1	9	5	7	3	6	8	2	4
4	8	3	2	9	5	7	1	6
6	2	7	8	1	4	9	5	3

Answer 96

7	9	5	8	3	6	4	1	2
1	4	3	9	2	7	6	5	8
2	6	8	4	5	1	3	7	9
8	7	1	5	6	9	2	4	3
9	5	4	2	1	3	8	6	7
3	2	6	7	4	8	5	9	1
6	8	2	1	9	4	7	3	5
4	1	7	3	8	5	9	2	6
5	3	9	6	7	2	1	8	4

A
N
S
W
E
R

POWER
ANSWER

POWER SUDOKU

Ⓐ

Answer **97**

1	6	5	8	9	3	2	4	7
9	8	3	7	4	2	5	1	6
7	2	4	6	5	1	3	9	8
6	3	9	5	1	4	8	7	2
4	7	2	9	6	8	1	5	3
5	1	8	2	3	7	9	6	4
8	4	1	3	7	5	6	2	9
2	5	6	4	8	9	7	3	1
3	9	7	1	2	6	4	8	5

Answer **98**

4	8	2	7	9	6	1	3	5
1	3	7	5	4	2	6	9	8
9	5	6	3	8	1	7	4	2
6	7	5	8	1	4	3	2	9
8	9	4	6	2	3	5	7	1
2	1	3	9	7	5	8	6	4
3	6	8	2	5	9	4	1	7
5	2	1	4	6	7	9	8	3
7	4	9	1	3	8	2	5	6

Answer **99**

5	8	4	3	2	1	7	6	9
1	7	6	9	4	8	2	5	3
2	3	9	5	7	6	4	1	8
4	9	8	2	1	5	3	7	6
7	6	1	8	3	4	5	9	2
3	5	2	6	9	7	1	8	4
9	4	7	1	6	2	8	3	5
8	2	3	7	5	9	6	4	1
6	1	5	4	8	3	9	2	7

Answer **100**

2	4	1	9	3	7	6	5	8
3	5	7	6	8	4	1	2	9
6	9	8	1	5	2	7	3	4
4	6	9	8	7	5	2	1	3
1	2	5	4	6	3	8	9	7
7	8	3	2	9	1	4	6	5
8	1	2	5	4	9	3	7	6
9	3	6	7	1	8	5	4	2
5	7	4	3	2	6	9	8	1

Answer **101**

8	9	5	3	4	2	7	6	1
1	7	2	9	8	6	5	4	3
6	4	3	1	5	7	2	9	8
9	2	7	5	3	4	1	8	6
3	1	6	8	7	9	4	2	5
4	5	8	2	6	1	9	3	7
7	8	9	6	2	5	3	1	4
5	6	1	4	9	3	8	7	2
2	3	4	7	1	8	6	5	9

Answer **102**

4	2	9	7	5	6	3	1	8
7	6	1	9	3	8	2	4	5
3	5	8	4	2	1	7	9	6
5	8	4	3	6	9	1	2	7
1	3	6	8	7	2	4	5	9
9	7	2	1	4	5	8	6	3
6	1	7	2	9	3	5	8	4
8	4	5	6	1	7	9	3	2
2	9	3	5	8	4	6	7	1

Answer **103**

7	8	3	1	5	4	9	2	6
2	5	6	8	9	3	7	1	4
9	1	4	6	2	7	5	3	8
3	2	9	4	1	8	6	5	7
1	4	5	9	7	6	2	8	3
8	6	7	2	3	5	1	4	9
4	7	2	5	8	9	3	6	1
5	3	8	7	6	1	4	9	2
6	9	1	3	4	2	8	7	5

Answer **104**

4	2	1	6	8	3	5	9	7
9	8	7	5	4	1	2	6	3
3	5	6	7	9	2	4	1	8
8	4	5	1	7	9	6	3	2
1	7	3	8	2	6	9	5	4
6	9	2	3	5	4	8	7	1
7	6	9	4	3	8	1	2	5
5	1	4	2	6	7	3	8	9
2	3	8	9	1	5	7	4	6

Answer **105**

8	4	1	7	9	5	2	3	6
5	7	3	2	6	4	8	9	1
6	9	2	8	1	3	7	5	4
2	5	7	9	4	1	6	8	3
1	6	8	3	5	2	4	7	9
9	3	4	6	8	7	1	2	5
3	8	9	4	2	6	5	1	7
7	1	6	5	3	8	9	4	2
4	2	5	1	7	9	3	6	8

Answer **106**

9	8	6	7	3	5	1	4	2
2	3	5	9	4	1	8	6	7
4	1	7	8	6	2	3	9	5
6	2	4	1	7	9	5	3	8
8	7	3	6	5	4	2	1	9
5	9	1	3	2	8	4	7	6
3	6	8	5	1	7	9	2	4
1	4	9	2	8	6	7	5	3
7	5	2	4	9	3	6	8	1

Answer **107**

8	9	2	5	6	4	1	3	7
1	7	6	9	8	3	4	5	2
5	3	4	1	7	2	9	6	8
9	1	3	7	5	6	2	8	4
7	4	5	3	2	8	6	1	9
6	2	8	4	1	9	3	7	5
4	8	7	2	3	1	5	9	6
3	5	9	6	4	7	8	2	1
2	6	1	8	9	5	7	4	3

Answer **108**

3	5	4	8	6	7	1	9	2
1	2	6	9	4	3	5	8	7
9	8	7	1	5	2	6	4	3
7	1	9	4	2	8	3	6	5
6	4	2	3	9	5	7	1	8
5	3	8	7	1	6	9	2	4
2	7	3	6	8	1	4	5	9
8	9	1	5	3	4	2	7	6
4	6	5	2	7	9	8	3	1

ANSWER

Answer **109**

4	2	6	3	7	9	5	1	8
3	8	5	2	6	1	9	4	7
7	9	1	5	4	8	6	3	2
9	1	3	8	2	5	4	7	6
5	6	2	7	1	4	8	9	3
8	4	7	6	9	3	1	2	5
6	3	9	1	8	7	2	5	4
2	5	4	9	3	6	7	8	1
1	7	8	4	5	2	3	6	9

Answer **110**

1	2	6	7	5	8	9	4	3
3	4	5	1	2	9	6	7	8
9	8	7	3	4	6	5	1	2
8	5	9	6	7	1	3	2	4
6	7	2	4	8	3	1	9	5
4	3	1	2	9	5	8	6	7
2	1	3	8	6	4	7	5	9
7	9	8	5	1	2	4	3	6
5	6	4	9	3	7	2	8	1

Answer **111**

8	4	1	7	3	2	6	9	5
6	3	7	1	9	5	4	2	8
2	5	9	4	8	6	1	7	3
3	2	6	5	1	7	8	4	9
1	8	5	9	4	3	7	6	2
9	7	4	6	2	8	5	3	1
7	6	3	8	5	9	2	1	4
5	1	2	3	6	4	9	8	7
4	9	8	2	7	1	3	5	6

Answer **112**

9	2	7	8	4	1	3	6	5
8	1	5	3	9	6	7	2	4
4	6	3	2	5	7	1	8	9
3	7	8	5	6	9	2	4	1
6	5	9	1	2	4	8	3	7
2	4	1	7	8	3	9	5	6
5	3	4	9	7	8	6	1	2
7	8	6	4	1	2	5	9	3
1	9	2	6	3	5	4	7	8

Answer **113**

7	2	3	1	8	5	9	4	6
5	8	4	6	9	2	3	1	7
9	1	6	4	7	3	5	2	8
1	9	7	8	5	4	2	6	3
4	5	2	3	1	6	7	8	9
6	3	8	7	2	9	4	5	1
3	4	1	2	6	7	8	9	5
8	7	9	5	4	1	6	3	2
2	6	5	9	3	8	1	7	4

Answer **114**

8	5	6	3	7	9	2	4	1
2	7	4	8	6	1	3	9	5
3	9	1	4	2	5	6	7	8
1	6	2	7	5	3	9	8	4
9	3	7	1	8	4	5	6	2
4	8	5	6	9	2	7	1	3
6	1	3	2	4	7	8	5	9
5	2	8	9	1	6	4	3	7
7	4	9	5	3	8	1	2	6

Answer **115**

7	6	5	3	2	8	9	4	1
9	4	8	6	5	1	2	7	3
1	2	3	7	9	4	8	6	5
5	9	6	1	4	3	7	8	2
3	8	2	9	6	7	5	1	4
4	1	7	5	8	2	6	3	9
2	7	1	8	3	5	4	9	6
6	3	4	2	7	9	1	5	8
8	5	9	4	1	6	3	2	7

Answer **116**

7	2	4	6	9	5	3	1	8
5	6	8	2	3	1	7	9	4
3	9	1	4	8	7	6	2	5
6	7	3	5	2	4	9	8	1
9	8	5	3	1	6	4	7	2
1	4	2	8	7	9	5	3	6
4	3	7	1	6	8	2	5	9
2	1	6	9	5	3	8	4	7
8	5	9	7	4	2	1	6	3

Answer **117**

2	7	8	9	1	6	3	4	5
1	3	5	7	4	8	2	6	9
4	6	9	3	5	2	7	8	1
8	2	3	4	7	1	9	5	6
9	1	7	6	8	5	4	2	3
5	4	6	2	9	3	1	7	8
3	5	4	1	6	7	8	9	2
7	8	1	5	2	9	6	3	4
6	9	2	8	3	4	5	1	7

Answer **118**

8	7	2	3	4	5	1	6	9
6	5	3	9	1	2	8	4	7
1	9	4	7	6	8	2	3	5
4	2	7	1	3	9	6	5	8
3	1	9	5	8	6	4	7	2
5	6	8	2	7	4	3	9	1
9	8	5	4	2	3	7	1	6
7	4	6	8	5	1	9	2	3
2	3	1	6	9	7	5	8	4

Answer **119**

3	4	9	6	7	8	5	2	1
2	5	6	4	1	9	8	7	3
7	1	8	3	2	5	6	4	9
9	6	1	7	8	2	4	3	5
4	2	3	1	5	6	7	9	8
8	7	5	9	4	3	2	1	6
6	8	7	2	3	1	9	5	4
5	3	4	8	9	7	1	6	2
1	9	2	5	6	4	3	8	7

Answer **120**

5	4	8	9	2	6	3	1	7
6	1	7	8	5	3	2	9	4
3	2	9	1	4	7	8	6	5
8	7	4	6	9	2	5	3	1
1	5	6	7	3	8	9	4	2
2	9	3	4	1	5	7	8	6
7	8	1	5	6	9	4	2	3
9	6	2	3	7	4	1	5	8
4	3	5	2	8	1	6	7	9

POWER
ANSWER

Answer **121**

2	4	7	5	6	3	9	8	1
9	3	6	1	8	2	4	7	5
5	8	1	4	9	7	3	6	2
4	6	3	9	2	1	8	5	7
1	7	5	3	4	8	6	2	9
8	2	9	6	7	5	1	3	4
3	5	8	7	1	9	2	4	6
7	1	4	2	3	6	5	9	8
6	9	2	8	5	4	7	1	3

Answer **122**

8	1	5	9	7	2	4	6	3
6	3	9	4	8	1	7	5	2
2	4	7	5	6	3	8	1	9
1	5	6	2	4	9	3	8	7
4	9	8	3	1	7	6	2	5
7	2	3	6	5	8	1	9	4
5	8	2	7	3	6	9	4	1
9	7	1	8	2	4	5	3	6
3	6	4	1	9	5	2	7	8

Answer **123**

2	6	9	3	5	8	7	4	1
3	1	7	9	4	2	6	8	5
8	5	4	1	7	6	9	3	2
6	8	2	4	3	1	5	7	9
5	4	1	8	9	7	2	6	3
7	9	3	2	6	5	8	1	4
9	7	8	5	1	3	4	2	6
4	3	6	7	2	9	1	5	8
1	2	5	6	8	4	3	9	7

Answer **124**

9	1	3	8	7	4	2	5	6
7	8	5	2	3	6	4	1	9
4	6	2	1	5	9	3	8	7
1	2	9	6	4	5	8	7	3
6	3	7	9	8	2	5	4	1
8	5	4	7	1	3	9	6	2
2	7	8	4	9	1	6	3	5
3	4	6	5	2	7	1	9	8
5	9	1	3	6	8	7	2	4

Answer **125**

7	2	5	9	4	8	6	1	3
6	4	8	2	1	3	9	7	5
1	9	3	5	7	6	8	2	4
5	8	7	3	2	4	1	6	9
4	1	9	7	6	5	3	8	2
2	3	6	1	8	9	4	5	7
8	6	2	4	9	7	5	3	1
3	7	4	6	5	1	2	9	8
9	5	1	8	3	2	7	4	6

Answer **126**

4	2	7	9	8	3	6	5	1
9	8	3	5	6	1	7	2	4
6	1	5	4	7	2	8	9	3
1	4	2	7	3	5	9	8	6
5	7	9	6	4	8	3	1	2
3	6	8	1	2	9	5	4	7
8	5	6	3	1	4	2	7	9
7	9	1	2	5	6	4	3	8
2	3	4	8	9	7	1	6	5

A

POWER SUDOKU

Answer **127**

7	3	9	2	4	8	6	5	1
2	8	5	6	3	1	4	7	9
1	4	6	7	5	9	3	8	2
5	9	4	3	6	2	7	1	8
3	1	2	8	7	5	9	6	4
8	6	7	1	9	4	2	3	5
9	7	1	4	8	3	5	2	6
4	2	3	5	1	6	8	9	7
6	5	8	9	2	7	1	4	3

Answer **128**

6	4	3	8	2	9	7	5	1
1	7	8	5	4	6	9	2	3
5	2	9	3	7	1	4	6	8
2	9	7	6	1	8	5	3	4
8	1	5	4	9	3	6	7	2
3	6	4	2	5	7	8	1	9
7	3	2	9	6	4	1	8	5
4	8	6	1	3	5	2	9	7
9	5	1	7	8	2	3	4	6

Answer **129**

8	2	9	4	3	7	5	6	1
4	3	7	1	5	6	8	2	9
1	6	5	8	2	9	4	3	7
9	7	3	2	4	1	6	8	5
5	1	4	3	6	8	9	7	2
6	8	2	9	7	5	3	1	4
3	9	8	5	1	2	7	4	6
2	5	6	7	8	4	1	9	3
7	4	1	6	9	3	2	5	8

Answer **130**

7	5	3	6	8	9	2	1	4
9	8	1	2	5	4	7	6	3
2	6	4	3	1	7	9	5	8
8	3	9	7	6	2	5	4	1
6	1	7	5	4	8	3	2	9
5	4	2	9	3	1	8	7	6
4	2	5	8	9	6	1	3	7
1	7	8	4	2	3	6	9	5
3	9	6	1	7	5	4	8	2

Answer **131**

2	5	9	8	6	1	7	4	3
6	3	4	7	9	5	1	2	8
7	1	8	4	2	6	5	9	6
5	9	3	1	8	2	4	6	7
8	2	6	3	4	7	9	1	5
4	7	1	9	5	6	8	3	2
9	4	2	5	3	8	6	7	1
3	8	7	6	1	4	2	5	9
1	6	5	2	7	9	3	8	4

Answer **132**

1	4	6	5	8	9	2	7	3
8	3	9	6	2	7	5	4	1
7	5	2	3	1	4	8	6	9
3	9	5	2	7	8	6	1	4
4	2	1	9	6	5	3	8	7
6	7	8	1	4	3	9	5	2
5	8	3	7	9	1	4	2	6
2	1	4	8	3	6	7	9	5
9	6	7	4	5	2	1	3	8

POWER
ANSWER

Answer **133**

8	1	6	4	7	3	2	9	5
9	3	5	1	8	2	6	4	7
4	7	2	5	6	9	1	3	8
3	5	9	2	4	6	8	7	1
1	6	4	7	5	8	9	2	3
2	8	7	3	9	1	5	6	4
6	2	3	8	1	4	7	5	9
7	9	1	6	3	5	4	8	2
5	4	8	9	2	7	3	1	6

Answer **134**

4	1	2	5	7	8	3	6	9
3	6	9	1	2	4	8	7	5
5	8	7	9	6	3	2	4	1
2	5	8	6	4	1	9	3	7
9	3	6	7	8	5	1	2	4
1	7	4	2	3	9	5	8	6
6	4	1	3	5	2	7	9	8
7	9	3	8	1	6	4	5	2
8	2	5	4	9	7	6	1	3

Answer **135**

3	2	6	8	4	9	1	5	7
4	1	7	6	5	2	3	8	9
8	9	5	7	3	1	6	4	2
1	6	8	5	2	7	9	3	4
5	7	3	1	9	4	8	2	6
2	4	9	3	6	8	5	7	1
9	5	4	2	1	3	7	6	8
6	8	2	9	7	5	4	1	3
7	3	1	4	8	6	2	9	5

Answer **136**

7	5	9	1	8	3	4	6	2
4	6	3	2	9	7	5	1	8
2	1	8	6	5	4	3	7	9
1	9	4	3	2	6	7	8	5
8	3	2	5	7	1	6	9	4
5	7	6	9	4	8	1	2	3
9	2	7	4	1	5	8	3	6
6	8	5	7	3	2	9	4	1
3	4	1	8	6	9	2	5	7

Answer **137**

2	6	4	1	5	3	7	9	8
3	7	5	8	9	2	6	1	4
1	9	8	4	7	6	2	5	3
5	1	7	6	3	9	8	4	2
6	3	9	2	8	4	5	7	1
8	4	2	7	1	5	3	6	9
7	5	3	9	4	8	1	2	6
4	8	6	5	2	1	9	3	7
9	2	1	3	6	7	4	8	5

Answer **138**

2	7	4	1	9	6	5	3	8
8	6	9	4	3	5	7	1	2
1	3	5	8	7	2	4	9	6
7	8	6	9	1	4	2	5	3
4	9	2	6	5	3	1	8	7
3	5	1	2	8	7	6	4	9
6	2	8	3	4	1	9	7	5
5	4	3	7	6	9	8	2	1
9	1	7	5	2	8	3	6	4

Answer **139**

5	4	8	6	1	7	3	9	2
9	2	1	5	3	4	7	8	6
6	7	3	2	8	9	1	5	4
8	6	7	3	5	1	2	4	9
1	5	2	9	4	6	8	7	3
4	3	9	8	7	2	5	6	1
2	8	4	7	9	3	6	1	5
7	9	6	1	2	5	4	3	8
3	1	5	4	6	8	9	2	7

Answer **140**

1	3	5	7	9	6	8	2	4
9	8	7	4	2	5	3	1	6
2	6	4	3	1	8	7	9	5
4	5	8	1	7	2	6	3	9
3	9	6	8	5	4	1	7	2
7	1	2	9	6	3	5	4	8
5	2	1	6	3	9	4	8	7
6	4	3	2	8	7	9	5	1
8	7	9	5	4	1	2	6	3

Answer **141**

8	9	6	5	4	2	1	3	7
4	1	5	9	7	3	8	2	6
2	7	3	8	1	6	4	5	9
9	8	7	2	3	1	6	4	5
6	3	1	4	5	9	2	7	8
5	4	2	7	6	8	3	9	1
1	5	8	3	9	4	7	6	2
7	2	4	6	8	5	9	1	3
3	6	9	1	2	7	5	8	4

Answer **142**

7	5	3	8	6	9	2	1	4
6	8	1	5	4	2	7	9	3
2	4	9	3	1	7	6	5	8
1	7	2	9	5	4	8	3	6
9	3	8	7	2	6	1	4	5
5	6	4	1	8	3	9	7	2
4	2	5	6	7	1	3	8	9
3	1	6	4	9	8	5	2	7
8	9	7	2	3	5	4	6	1

Answer **143**

2	9	8	5	7	4	3	1	6
1	6	4	3	8	2	5	9	7
7	5	3	6	9	1	8	2	4
4	2	5	8	6	7	1	3	9
6	8	1	2	3	9	7	4	5
9	3	7	4	1	5	2	6	8
8	1	2	9	5	6	4	7	3
5	7	6	1	4	3	9	8	2
3	4	9	7	2	8	6	5	1

Answer **144**

6	1	2	9	3	8	7	4	5
3	9	4	2	5	7	8	1	6
7	8	5	6	4	1	3	2	9
1	6	7	4	9	5	2	3	8
4	3	9	8	7	2	6	5	1
5	2	8	3	1	6	4	9	7
8	4	3	1	6	9	5	7	2
9	7	6	5	2	4	1	8	3
2	5	1	7	8	3	9	6	4

A
N
S
W
E
R

Answer 145

7	2	6	8	3	4	1	5	9
1	5	4	9	6	7	8	2	3
3	8	9	1	5	2	7	4	6
6	4	5	2	7	3	9	8	1
8	7	1	6	9	5	2	3	4
9	3	2	4	8	1	6	7	5
5	6	8	7	4	9	3	1	2
4	1	7	3	2	6	5	9	8
2	9	3	5	1	8	4	6	7

Answer 146

8	3	5	9	2	4	1	6	7
9	7	2	1	3	6	8	4	5
4	6	1	7	8	5	2	9	3
3	2	9	4	1	7	5	8	6
1	5	4	8	6	3	9	7	2
7	8	6	2	5	9	4	3	1
2	4	8	3	7	1	6	5	9
6	9	3	5	4	2	7	1	8
5	1	7	6	9	8	3	2	4

Answer 147

9	4	1	3	2	8	5	6	7
8	6	3	1	5	7	2	9	4
7	5	2	4	9	6	1	8	3
4	8	6	7	1	5	9	3	2
1	2	7	9	3	4	8	5	6
5	3	9	6	8	2	4	7	1
3	7	5	2	4	9	6	1	8
2	1	8	5	6	3	7	4	9
6	9	4	8	7	1	3	2	5

Answer 148

2	7	6	3	5	8	9	4	1
1	8	9	2	4	6	5	7	3
4	5	3	1	9	7	8	2	6
9	6	2	7	8	1	4	3	5
3	1	8	5	2	4	7	6	9
7	4	5	9	6	3	2	1	8
8	3	1	4	7	5	6	9	2
6	2	7	8	3	9	1	5	4
5	9	4	6	1	2	3	8	7

Answer 149

2	8	6	7	9	4	1	3	5
4	9	7	3	5	1	6	2	8
3	1	5	8	2	6	9	7	4
1	6	3	9	8	2	5	4	7
8	2	4	6	7	5	3	1	9
5	7	9	1	4	3	2	8	6
7	5	2	4	3	9	8	6	1
6	3	8	5	1	7	4	9	2
9	4	1	2	6	8	7	5	3

Answer 150

8	3	1	9	7	2	5	6	4
6	5	2	4	3	8	9	1	7
9	4	7	5	6	1	2	8	3
4	7	9	2	1	6	3	5	8
3	1	8	7	4	5	6	2	9
5	2	6	8	9	3	7	4	1
2	8	4	3	5	9	1	7	6
7	6	3	1	2	4	8	9	5
1	9	5	6	8	7	4	3	2

POWER SUDOKU